# 세상을 바꾼 사물의 과학

## 1

# 세상을 바꾼 사물의 과학

1

핵무기에서 4D프린터까지
창조와 혁명을 꿈꾼 순간들

최원석 지음

궁리
KungRee

# 파베르를 위한 탱고

몇 년 전 〈고쳐듀오〉라는 과학예능 프로그램에 출연한 적이 있었다. 시골집을 찾아다니며 고장 난 물건을 수리해주는 프로그램이었다. 살다 보면 틀어져서 잘 열리지 않는 문이나 부서져 비가 새는 지붕 등 고쳐야 할 것들이 생기게 마련이다. 하지만 시골 어르신들은 세월의 흐름과 함께 그 상황에 적응해 그냥 불편함을 안고 살아갈 뿐 수리할 엄두를 내지 못한다. 이렇게 사람의 손이 필요한 수리할 것들이 생긴 곳을 찾아 맥가이버와 같은 호모 파베르(*Homo Faber*)들이 나타나 도움을 주자는 의도로 기획된 방송이었다.

방송을 촬영하기 위해 이 집 저 집을 방문하면서 재미난 사실을 하나 알게 되었다. 같은 집이 하나도 없다는 것. 물론 아파트와 달리 단독주택은 건축주나 건축가의 의도가 담겨 있다. 비슷한 시기에 같은 지역에 지었다고 하더라도 집은 조금씩 다른 모양과 형태를 띠게 된다. 심지어 아파트처럼 같은 모양으로 지어도 집주인이 입주하면서 인테리어를 새롭게 하면 저마다 다른 집이 된다. 그러니 같은 집이 없다는 것이 뭐가 그리 흥미롭냐고 할 수도 있다.

하지만 낡은 집을 수리하는 방송을 촬영하면서 느낀 점은 건축가나 집주인의 의도 외에도 다른 것에 의해 집의 모양이 변한다는 것이다. 사람이 집을 만들지만, 집이 사람을 바꾸고 다시 사람이 집을 바꾸게 된다는 점이다. 집은 단순히 사람이 거주하는 곳이 아니라, 집주인과 상호작용하는 공간이다. 집주인은 자신의 의도에 따라 집을 만들었지만 어느 순간 보면 집에 맞춰 생활한다. 빗물이 떨어지면 그 자리를 피해서 옆으로 지나다니고, 오른쪽 문이 잘 열리지 않으면 왼쪽 문으로 열고 다닌다. 더 많이 사용한 것은 닳아서 마모가 심하게 일어나고 또한 사용하지 않아서 방치된 것은 녹이 슬기도 한다. 무릎이 아픈 할머니는 화장실 가는 것이 힘들어 물을 잘 마시지 않는다. 하지만 스스로 일어서서 움직일 수 있도록 벽에 손잡이를 만들고 계단의 높이를 바꾸면 할머니는 정상적인 생활로 돌아올 수 있게 된다. 할머니의 거동을 편하게 하려는 목적으로 집을 새롭게 고쳤다고 할 수도 있지만 집의 형태를 바꾸면 사람의 행동에 영향을 미칠 수 있다는 것이다.


인간이 정착 생활을 시작한 후 오랜 세월 동안 사람들은 어떤 의도를 가지고 물건을 만들었다. 이것이 바로 디자인(design)이다. 디자인은 예술이나 공학에서 어떤 목적으로 가지고 무엇을 설계하는 행위를 일컫는다. 공학적 산물은 모두 어떤 의도를 지니고 탄생한다. 비행기나 컴퓨터와 같은 복잡한 기계뿐 아니라 망치와 같은 단순한 도구조차도 그것을 만들 때는 어떤 의도를 가지고 만든다. 한 번 만들었다고 계속 같은 모양이나 기능을 가진 것도 아니다. 목적에 부합하도록 기능을 개선하거나 목적이 바뀌어 다른 용도로 사용되기도 한다. 주변의 물건들은 오랫동안 변화를 거치며 오늘날과 같은 형태와 기능을 가지게 되었다.

우리 주변의 많은 물건들은 어떤 의도를 가지고 탄생했다는 것을 어렵지 않게 알 수 있다. 하지만 처음에는 그 물건이 여러분의 생각과 다른 의도에서 탄생했다는 점이 놀라울 것이다. 또한 새로운 물건이 탄생한 후에는 물건이 세상을 바꿔나가는 것도 볼 수 있다. 이미 자전거의 변천사, 자동차나 비행기의 발달사 등 과학기술의 역사는 많이 다루어져왔다.

하지만 난 이 책에서 단지 기계나 도구의 역사를 이야기하고자 하는 것이 아니다. 그런 종류의 책은 이미 많이 나와 있으니 굳이 또 한 권의 책을 보탤 이유가 없다. 이 책에서 이야기하고 싶은 것은 집과 집주인의 상호작용처럼 인간과 사물의 상호작용이라는 관점에서 과학과 기술, 사회의 변화를 바라보고자 했다. 과학-기술은 사회를 만들고, 사회는 새로운 과학-기술을 탄생시킨다. 이때 과학-기술-사회 사이에는 단선적인 관계로 이어지는 것이 아니라 복잡한 네트워크가 형성된다. 같은 과학이라도 사용하는 사람에 따라 다른 공학적 산물이 탄생하게 되고, 같은 공학적 산물도 서로 다른 과학기술에 의해 탄생할 수 있다. 하나의 과학기술은 다른 여러 가지 공학적 산물과 연계되기도 하고, 새로운 사회를 탄생시키거나 변화를 이끌어내는 데 중요한 역할을 한다. 과학-

기술-사회는 다양한 연결고리를 가진다. 또한 처음 제작 목적과 다른 용도로 사용되기도 한다. 독자들이 이 책을 통해 색다른 각도에서 사물을 바라볼 수 있는 창의적인 안목을 가졌으면 한다. 물론 주변의 모든 사물을 담을 수는 없었다. 그중 우리 사회에 많은 영향을 준 것을 몇 개의 범주로 나누어 담았다.

새로운 기술은 새로운 세상을 창조한다. 사진은 단순히 사실화를 대체하는 새로운 예술 도구만이 아니다. 기자에게는 사회변혁을 이끈 결정적 순간을 잡아내 사람들에게 전달하는 매체였다. 또한 과학자에게는 눈으로 볼 수 없는 것을 찍어 새로운 과학적 발견을 이끄는 데 사용되었다. 어두워서 볼 수 없는 천체를 관찰할 수 있는 중요한 도구이다. 또한 X선 사진은 공학자들이 물질의 구조를 살피고, 의사들은 환자의 몸을 관찰하는 데 사용한다. 사진이 없었다면 DNA의 이중나선 모형은 발견하기 어려웠을 것이다. 사진이라는 기술은 단순히 새로운 예술의 등장이 아니라 사회 전반에 걸쳐 복잡한 네트워크를 형성하며 영향을 주고받았다.

새로운 기술은 세상을 혁명적으로 변화시킨다. 산업혁명이라는 명칭에서 알 수 있듯이 생산방식에 혁신을 가져오는 기술은 사회의 구조 자체를 변화시켰다. 봉건시대에는 존재하지 않던 수많은 도시와 노동자를 탄생시켰다. 하지만 첨단기술시대에 접어들었다고 모든 것이 끝난 것은 아니다. 아직도 혁명은 현재진행형이다. 전지는 각종 전자기기에 심장 역할을 하면서 기계들이 독립적으로 움직이는 모빌리티를 가능하도록 만들었다. 교통수단에도 혁명이 일어나고 있다. 마차와 경쟁했던 기차가 이제는 비행기와 경쟁하는 시대에 접어들었고, 하이브리드 교통수단도 속속 등장하고 있다. 도시의 모양과 크기를 결정했던 교통수단이 이제는 사회의 필요에 의해 다양한 형태로 변화하고 있다.

　새로운 물질을 가진 자는 권력을 품을 수 있다. 청동기시대에서 철기시대를 거치면서 인류는 새로운 물질이 새로운 권력을 가질 수 있게 한다는 것을 깨달았다. 눈에 쉽게 띄지만 아무나 가질 수 없었던 금은 그 자체로 권력의 상징으로 등극했다. 지금도 자연을 지배하고, 바꾸는 데 금속은 필수적인 물질이다. 금속은 소리 없이 세상을 움직이기도 하지만 수많은 인간을 병들게 하거나 죽음으로 내몰았다. 오늘날에는 금속 무기뿐 아니라 석유와 희토류 같은 자원을 누가 쥐고 있는지에 따라 국제정세가 요동치기도 한다. 더욱 혼란스러운 것은 비물질 자원인 정보가 미래의 핵심 자원으로 주목받고 있다는 점이다. 미래의 권력은 정보를 가진 자로부터 나올 것이다.

　새로운 물질과 기술은 아름다운 예술의 세계로 사람들을 안내한다. 빛을 품은 유리는 세상을 아름답게 볼 수 있도록 하거나 다채로운 빛으로 묘사했다. 또한 맨눈으로 볼 수 없었던 새로운 세상을 보여주었다. 유리를 통해 새로운 세상을 볼 수 있게 되자 사람들의 사고의 범위는 한층 확대되었다. 망원경을 통해 우주의 과거와 미래를 내다볼 수 있게 되었고, 현미경을 통해 세상이 어떻게 움직이는지 알 수 있게 되었다. 깨지기 쉽다는 통념을 깨고 다양한 기능을 가진 채 끊임없이 변화하는 유리처럼 과학기술도 사회와 함께 계속 변화하고 있다.

　문명 속 인간 생활은 모든 것이 시간에 의해 좌우된다. 출근해서 퇴근할 때까지 모든 사람은 약속된 시간에 따라 쳇바퀴 돌듯 일정하게 움직인다. 그래서 때론 시간에 얽매이지 않는다는 것이 문명을 벗어던진다는 것과 같은 의미로 사용되기도 한다. 하지만 안타깝게도 직장을 그만두고 시골로 떠난다고 해서 문명을 벗어날 수는 없다. 모든 것을 벗어던지고 무인도로 가면 문명을 등질 수 있을 거라는 생각은 착각일 뿐이다. 인간은 누구도 시간에서 벗어날 수 없다. 독방에 갇힌 죄수나 무인도에 표류한 사람이 왜 줄을 그어 날짜를 세겠는가? 문명을 등지고 살 수 없듯이 시간을 벗어나 사는 것도 이젠 불가능하다. 시계가 우리를 이렇게 바꿔버렸기 때문이다.

　챗GPT의 등장으로 인공지능에 대한 관심이 뜨겁다. 개발자들이 챗GPT를 어떤 의도를 가지고 만들었건 이제 챗GPT가 세상을 바꾸고 있다. 호모 파베르가 등장하는 순간 이 세상은 '도구의 도구에 의한 도구를 위한 세상'이 되어버렸다. 인간이 도구를 만들었지만 도구를 사용하는 순간, 인간은 '도구-인간'이라는 새로운 종류의 인간이 된다. 인간과 칼은 분명 별개이지만 칼을 쥐는 순간 인간은 의사가 되거나 요리사, 강도 등 그 이전과는 다른 인간이 된다. 무엇이 될지는 칼을 든 사람의 선택이다.

이제 선택의 순간이 왔다. 여러분은 도구와 함께 어떤 탱고를 추길 원하는가?

2023년 9월

최원석

# 차례

## |1부| 창조를 생각하다

# | 2부 | 혁명을 꿈꾸다

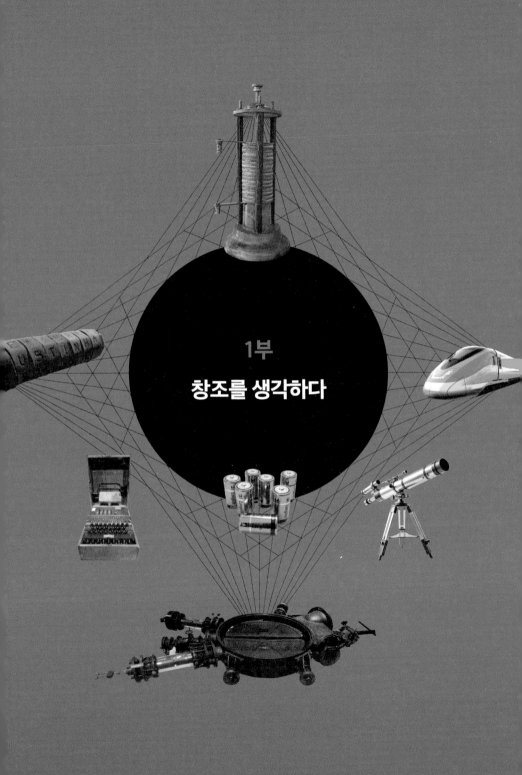

1부

창조를 생각하다

# 문명을
# 탄생시킨
# 시계

## · 해시계에서 원자 시계까지 ·

시계, 지구의 자전, 평균 태양일, 주기, 주파수, 역학적 에너지, 전자의 궤도

영화 〈어바웃 타임(About Time)〉의 주인공 팀은 원하는 시간으로 언제든지 돌아갈 수 있는 시간 여행 능력을 지녔다. 하지만 그 역시 시간의 틀을 벗어날 수 없었고, 결국 '우리 삶은 그 자체가 멋진 시간 여행'이라는 소중한 깨달음을 얻는다. 이렇듯 우리의 삶이 시간 속에서 멋진 여행이라는 것을 깨닫는 데에는 시계의 역할이 더없이 컸다. 인간은 시계를 발명해 자연에서 시간을 분리해내면서 마침내 화려한 문명을 꽃피웠다.

## 문명을 탄생시킨 시간

영화 〈어바웃 타임〉의 주인공 팀과 그의 아버지는 원하는 시각으로 돌아갈 수 있는 능력을 가진 시간 여행자다. 그래서 언뜻 보면 시간에서 자유로운 듯 보인다. 하지만 시간 여행자들도 결국 시간이라는 테두리에서 벗어나지 못하고 그 흐름을 받아들인다. 이 영화는 제목과 달리 시간에 대한 어떤 철학적이거나 과학적인 질문을 던지지 않는다. 그보다

아우구스티누스

는 '인생이라는 멋진 여행을 만끽하기 위해, 우리는 순간순간 최선을 다해야 한다'는 작은 깨달음과 잔잔한 감동을 안겨준다.

시간의 흐름에서 자유로운 사람은 이 세상 어디에도 없다. 실제로 우리 생활을 지배하는 것은 시간이다. 우리는 세상의 변화를 통해 시간을 인지한다. 그렇기에 시간의 정지는 곧 변화 없음과 죽음을 의미한다고 여긴다. 그러니 시간 여행자들도 결국 시간의 구속에서 벗어날 수 없다. 5세기경 성 아우구스티누스(Saint Augustinus, 354~430, 초대 기독교 교회가 낳은 위대한 철학자이자 사상가)가 "누구나 알고 있으면서도 누구도 알지 못하는 것이 바로 시간"이라고 한 것처럼, 인류는 수천 년간 시간에 대해 고민만 했을 뿐 어떤 결론도 내리지 못했다. 단지 철학자의 탐구 대상에서 오늘날에는 물리학자의 연구 대상으로 바뀌었을 뿐이다. 앞으로도 우리는 '시계가 측정한 것이 시간'이라는 정의 이상으로 그 어떤 정확한 답변도 하기 어려울지 모른다.

하지만 시간의 정체를 모른다는 게 이를 활용할 수 없다는 의미는 아니다. 여기서 활용이란 단지 생물들이 솔방울샘*에 존재하는 생물 시계에 따라 생활하는 것을 뜻하지 않는다. 스스로 시간의 변화를 인식하고 활용하는 것을 말한다. 지구상에서 시간을 쓸 줄 아는 생물은 인간뿐이며, 그로 인해 인간은 지성을 가지고 문명을 꽃피울 수 있었다. 따라서 인간이 만들어낸 모든 문화는 시간을 조작하기 위한 방법과 밀접한 관련이 있다. 우리는 글과 그림을 통해 옛사람들의 생각을 엿보고, 자신의 생각을 자유롭게 전달하며, 또 미래를 대비한다.

● 솔방울샘 척추동물의 뇌에 있는 솔방울 모양의 내분비 기관으로, 송과선이라고도 한다. 사람의 생체 리듬을 유지시켜주는 데 중요한 역할을 하는 멜라토닌을 만들고 분비하는 기관이다.

결국 인류의 역사는 시간 정복의 역사라 할 수 있다. 시간 정복에 대한 욕망은 인간으로 하여금 시계를 발명하게 했고, 이를 바탕으로 인간은 자연에서 시간을 분리해 다른 동물과 구분되는 문명을 꽃피웠다. 현대에 접어들어 사람들의 시간에 대한 의존도는 갈수록 높아지고 있다. 오늘날에는 정확한 시계가 한 나라 과학기술력의 척도가 되는 등, 통신에서 금융에 이르기까지 사회 모든 분야에서 시계는 더욱 중요한 자리를 차지하고 있다.

## 시계를 신고 다니다

생활이 단조로웠던 원시시대의 인류는 단지 밤낮의 구분만으로도 큰 불편함 없이 생활할 수 있었다. 하지만 농경시대에 이르러 정착 생활을 하게 되면서 하루를 좀 더 세분화시킬 필요가 생겼다. 이런 필요에서 탄생한 것이 '해시계(sundial)'다. 해시계는 지구의 자전에 의해 나타나는 태

해시계

양의 시운동을 이용한 것으로, 그림자만 관찰하면 어렵지 않게 만들 수 있었다. 따라서 대부분의 문화권에서는 다양한 형태의 해시계가 만들어졌다.

아마도 최초의 해시계는 아낙시만드로스(Anaximandros, 기원전 610~기원전 546, 고대 그리스 밀레토스 학파의 철학자)가 발명한 그노몬(gnomon)●처럼 막대기

에서 탄생했을 것이다. 초기의 해시계는 막대기를 세운 뒤 주변에 돌조각 몇 개를 세워두거나 간단한 표시를 통해 시간을 알 수 있게 만든 단순한 형태였다. 그 뒤 기원전 10세기경 이집트 사람들은 T자형 막대기를 이용해 해시계를 만들었고, 로마 사람들은 막대기 대신 이집트에서 가져온 거대한 기둥인 오벨리스크(obelisk, 고대 이집트에서 태양 숭배의 상징으로 세웠던 기념비)를 이용하기도 했다. 재미있게도 중세 북유럽의 농부들은 나막신 바

● **그노몬** 고대에 바빌로니아와 이집트에서 쓰던 해시계. 정오 때에 땅에 수직으로 세운 기둥의 그림자 길이를 측정하여 계절의 변화를 파악하였다.

그노몬

닥에 해시계를 조각하고 다녔다. 시간을 확인할 필요가 있으면 신발을 벗어서 태양으로 향하기만 하면 되었기 때문이다.

중세까지 널리 사용된 해시계는 제작이나 사용이 어렵지 않았지만 해가 안 뜨면 이용할 수 없다는 단점이 있었다. 그래서 등장한 것이 '물시계'다. 기원전 1400년경 고대 이집트에서 처음 만든 물시계는 초기에는 모래시계처럼 타이머 용도로 많이 쓰였다. 그리스에서는 재판할 때 클렙시드라(clepsydra)라는 물시계를 이용해 발언 시간을 제한하기도 했다. 구멍 뚫린 양동이에서 물이 빠져나가는 시간 동안만 말을 할 수 있도록 한 것이다. 단순히 타이머로 쓰이던 클렙시드라를 부표와 도르래를 이용해 24시간을 표시하는 시계로 만든 이들은 로마인이었다. 이처럼 그리스와 로마에서는 다양한 해시계와 물시계가 만들어졌고, 이는 중세시대에도 그대로 이어졌다.

문명을 탄생시킨 시계

프랑스 파리 콩코르드 광장에 있는 오벨리스크. 이집트 룩소르 신전에서 가져왔다.

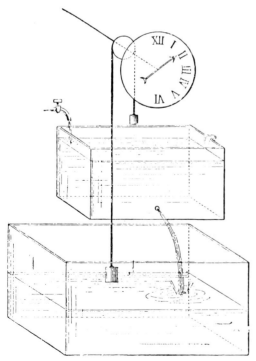

클렙시드라

해시계 이야기를 마무리하기 전에 잠시 짚고 넘어가야 할 사실이 있다. 아마도 여러분은 대부분 '옛날이나 지금이나 시간의 길이가 같다'고 생각하지 않을까 한다. 이는 뉴턴의 절대 시간(관찰자와 상관없이 우주 어디서나 시간은 동일하게 흐른다)과 아인슈타인의 상대 시간(시간은 관찰자에 따라 다르게 흐른다)을 이야기하는 것이 아니다. '지구가 생겼을 당시의 1초와 지금의 1초는 모두 똑같은 1초인가?'를 묻고 있는 것이다. 대체로 예나 지금이나 1초는 모두 동일한 시간이라고 생각하겠지만 1초의 정의에 따라 측정한다면 그렇지 않다.

사실 1초라는 물리량은 과학자들 사이의 약속으로 정해진다. 따라서 1초라는 단위는 과학자들의 약속에 의해 그 길이가 변해왔으며, 앞으로도 과학기술의 발달에 따라 변할지도 모른다. 기원전 3000년경 바빌로니아에서 태양의 시운동을 기준으로 최초의 시간 체계가 만들어진 뒤, 수천 년간 인류는 '평균 태양일의 86,400(하루는 $60 \times 60 \times 24 = 86,400$)분의 1'을 1초의 정의로 사용해왔다. 하지만 지구의 자전은 달이나 태양의 인력으로 발생하는 조석에 의한 마찰, 또 그 밖의 다양한 원인(지진이나 화산 폭발 등)으로 조금씩 느려진다. 5억 년 전에는 하루가 21시간으로 짧아서, 만약 당시 지구의 자전으로 1초를 정의한다면 지금 1초 길이의 21/24, 곧 0.875초에 불과할 것이다. 그래서 1956년 국제도량형위원회는 지구의 자전이 아니라 공전인 '1태양년(31,556,926.9747초)의 31,556,926.9747분의 1'로 1초의 정의를 바꾸었다.

# 세계를 변화시킨 기계 시계

● **아스트롤라베** 천체의 높이나 각거리를 재는 기구. 중세에 아라비아·그리스·유럽에서 썼으며, 오늘날에는 가지고 다닐 수 있도록 간편하게 만들어 쓰고 있다.

● **기계 시계** 중력이나 태엽을 원동력으로 삼고, 일정한 진동으로 움직이는 시계. 회중 시계, 손목 시계, 탁상 시계, 괘종 시계 등이 있다.

해시계와 물시계, 아스트롤라베● 등은 오랫동안 농사에서 항해에 이르기까지 생활 전반에서 사용되었다. 그러다 13세기에 이르러 '기계 시계(mechanical clock)'●가 등장하면서 시계의 왕좌는 기계 시계로 넘어갔다. 오늘날 세계에서 사용되는 고급 시계의 대부분은 기계 시계에 속한다. 특히 과학기술과 결합된 기계 시계는 서양을 근본적으로 변화시켰다. 기계 시계를 제작할 때 사용되는 다양한 기술은 오토마타(automata, 스스로 작업하는 능력을 가진 기계)를 거쳐 로봇 기술을 탄생시켰고, 일정하게 움직이는 공장의 표준화된 대규모 생산 시스템을 만들어냈다.

제작이 어려워 가격이 비쌌던 초창기의 기계 시계는 주로 성당이나 교회와 같은 큰 건물에 설치되어 마을의 자랑거리가 되었다. 기계 시계의 문자판은 해시계의 문자판을 그대로 차용해서 썼기 때문에 다이얼(dial)이라 불렸다. 이렇듯 겉모습은 비슷했지만, 기계 시계는 이전의 시계들과 전혀 다른 작동 원리를 가지고 있었다. 해시계가 어떤 동력도 필요 없었던 것과 달리, 기계 시계는 중력에 의해 움직이는 추나 탄성력에 의해 작동하는 태엽의 역학적 에너지를 필요로 했던 것이다.

이처럼 역학적 에너지를 동력으로 삼는 기계 시계를 일정한 간격으로 움직이도록 하는 장치가 탈진기다. 시계 소리를 가만히 들어보면 마치 심장이 두근두근 뛰는 것처럼 재깍재깍하는데, 이것이 시계의 심장이라

1589년 영국의 아이작 하브레히트가 만든 복잡한 기계 장치가 들어 있는 카리용 시계.

불리는 탈진기 소리다. 기계 시계의 정확도는 1초마다 톱니바퀴를 잠갔다가 풀어주면서 일정하게 회전시켜주는 탈진기의 성능에 달려 있다. 따라서 기계 시계의 역사는 탈진기의 역사라 해도 과언이 아니다. 하지만 초창기의 기계 시계는 그리 정확하지 못했고, 부정확한 시계는 여러 가지 문제를 일으켰다.

기계 시계 가운데 정확도를 혁신적으로 개선한 첫 번째 발명품은 '진자 시계'로, 이는 갈릴레이(Galileo Galilei, 1564~1642)가 발견한 진자의 등시성을 이용한 것이다. 진자의 등시성은 '진자는 진폭에 상관없이 주기가 일정하다'는 것인데, 여기서 '일정한 주기'는 정확한 시계를 만들 수 있는 중요한 원리였다. 그렇지만 진자 시계를 처음 만든 사람은 갈릴레이가 아니라 네덜란드의 과학자 하위헌스(Christiaan Huygens, 1629~1695)였다. 하위헌스가 만든 진자 시계는 하루에 10초 이내의 오차가 발생했는데, 그 당시 다른 시계들이 15분 이상 틀린 것에 비하면 얼마나 혁신적이었는지 짐작할 수 있다.

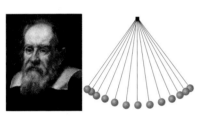

갈릴레이와 진자 시계

하지만 이로써 모든 문제가 해결된 것은 아니었다. 1707년, 영국에서는 정확한 시계의 필요성을 보여주는 결정적

인 사건이 발생했다. 영국 해군이 부정확
한 시계로 인해 경도를 잘못 파악하는 바
람에, 배가 바다에서 길을 잃고 좌초하여
1,600여 명이나 되는 해군이 수몰되는 참
사가 벌어진 것이다. 그나마 정확하다는
진자 시계가 흔들리는 파도 위에서 위력을
발휘하지 못한 탓이다.

하위헌스

이 사건을 계기로 영국은 정확한 경도를
구하는 데에 2만 파운드라는 거액의 상금

을 내걸었다. 이 상금을 받기 위해서는 하루에 3초 이내의 오차를 가진
시계를 만들어야 했다. 여기에 하위헌스가 용감하게 도전하여 배가 흔
들리면 제대로 작동하지 못하는 진자의 단점을 보완해 나선형 평형 스
프링(balance spring)을 발명했지만, 정확한 해상 시계 제작에는 실패했다.

결국 해상 시계를 발명해 시계의 정밀성을 한 단계 높인 사람은 발명
가 존 해리슨(John Harrison)이었다. 1735년 첫 해상 시계를 만든 그는,
계속된 노력 끝에 태엽을 이용한 크로노미터(Chronometer)라고 하는 비
교적 정확한 해상 시계를 발명하여 1773년 마침내 거액의 상금을 받
았다.

시계의 두 번째 혁신은 1927년 미국에서 일어났다. 벨 연구소에서 일
하던 연구원 호턴(J. W. Horton)과 매리슨(W. A. Marrison)이 수정에 전압
을 걸어주면 일정하게 진동하는 성질을 이용해 '수정 시계'를 발명한 것
이다. 우리가 사용하는 시계에 흔히 'quartz'(수정, 결정형이 뚜렷한 석영의

문명을 탄생시킨 시계

● 수정 압전 소자 압전기 현상을 나타내는 부품이라는 의미로, 압전기란 어떤 종류의 결정판(結晶板)에 일정한 방향에서 압력을 가하면 판의 양면에 양·음의 전하가 나타나는 현상을 말한다.

일반명)라 표시되어 있는 것을 볼 수 있는데, 이는 수정 압전 소자●를 이용했다는 말이다. 이처럼 수정 시계는 지금도 널리 사용될 정도로 정확도를 자랑한다.

20세기 초에는 아무리 잘 맞는 태엽 시계도 하루에 0.1초 정도의 오차가 발생했지만 수정 시계는 고작 0.001초일 정도로 정확했다. 그 이유는 진자 시계 속 진자의 움직임보다 훨씬 정확한 수정의 진동을 이용했기 때문이다. 게다가 시계를 작동시키는 데에 태엽보다 일정하게 에너지를 공급할 수 있는 전지를 사용하면서 정확도는 더욱 높아졌다. 따라서 오늘날 우리가 쓰는 시계는 태엽 시계가 아니라면 대부분 수정을 사용한 전자시계다.

## 단언컨대 가장 정확한 건 1초입니다─원자 시계

국제도량형위원회는 지구의 자전에서 공전으로 1초의 정의를 바꾼 지 10년이 조금 지난 1967년, 그 기준을 수천 년간 사용해오던 태양시에서 원자시로 변경했다. 이 정의에 따르면 1초는 '세슘 133원자(133Cs)의 바닥상태●에 있는 두 초미세 준위 간의 전이에 대응하는 복사선의 9,192,631,770주기의 지속 시간'이다. 1초의 정의를 바꾼 이유는 과학기술이 발달하면서 더 정확한 값이 필요했기 때문이다. 이때 국제도량형위원회는 국제 표준시계도 채택했는데, 세슘 원자에서 나오는 복사선의 성질을 이용해 만든 '세슘 원자 시계'가 바로 그것이다.

● 바닥상태 양자론에서 분자, 원자, 원자핵 등을 포함한 어떤 계의 상태 가운데에서 에너지가 가장 낮고 안정된 상태.

양자역학(입자 및 입자 집단을 다루는 현대 물리학의 기초 이론)에 따르면 원자 주위를 돌고 있는 전자는 불연속적인 궤도, 즉 일정한 궤도만 돌 수 있다. 전자가 원자핵에서 가까운 낮은 궤도에서 먼 궤도로 가기 위해서는 에너지를 흡수하고, 반대로 먼 궤도에서 가까운 궤도로 떨어질 때는 복사선의 형태로 에너지를 방출한다. 원자 시계는 이때 방출하는 복사선의 주파수를 이용한다. 원자는 궤도가 불연속적이기 때문에 항상 일정한 주파수를 방출하는데, 이를 이용해 시계를 만든 것이다. 물론 세슘 원자가 1초에 정확하게 9,192,631,770번 진동하기 위해서는 자기장이나 전자파 같은 외부의 물리적 영향을 완벽하게 차단해야 하는 등 까다로운 조건이 필요하다.

시간과 주파수는 역수 관계에 있기 때문에 주파수를 알면 시간을 구할 수 있다. 따라서 복사선의 주파수가 높을수록 더 짧은 시간을 측정할 수 있고, 정확도도 높아진다. 그렇다면 세슘 원자 시계보다 더 정확한 시계도 만들 수 있지 않을까? 그것이 바로 이터븀(Yb)이나 스트론튬(Sr) 등을 진자로 사용하는 '광시계(광격자 시계)'●다. 세슘 원자 시계의 복사선 주파수는 마이크로파 영역인 9.2GHz(기가헤르츠)이며, 광시계의 복사선 주파수는 수백THz(테라헤르츠)●인 가시광선 영역이다. 따라서 광시계는 세슘 원자 시계보다 10만 배 정도

● **광시계** 광시계도 엄밀하게 말하면 원자 시계이나, 기존의 원자 시계와 구별하기 위해 광시계라 부른다.

● **수백THz** 헤르츠는 주파수의 단위로 1Hz는 '1초에 1번 진동 또는 반복'하는 것을 의미한다. 따라서 GHz는 1초에 $10^9$번, THz는 $10^{12}$번 진동 또는 반복하는 것을 뜻한다.

문명을 탄생시킨 시계

1878년 영국의 사진가 에드워드 머이브리지가 제작한 〈움직이는 말(The Horse in Motion)〉은 영화의 시작을 알리는 사진으로 평가 받는다.

더 정확할 수 있다.

현재 가장 정확한 시계는 2022년 미국의 위스콘신매디슨대 연구팀이 만든 광격자 시계이다. 이 시계는 3000억 년에 1초밖에 오차가 나지 않는 경이적인 정확도를 가졌다. 광격자 시계라고 부르는 것은 레이저로 계란판 모양의 광격자를 만든 후 스트론튬 원자를 냉각시켜 격자에 가둔 후 진동수를 세어 시간을 측정하도록 만들었기 때문이다. 세슘 원자 시계보다 훨씬 더 정확한 시계가 등장했지만, 아직도 1초의 정의는 그대로 세슘 원자의 진동수를 사용하고 있다. 과학자들은 세슘 원자 시계를 대체하는 정확한 광시계의 등장으로 조만간 1초의 정의를 바꿀 것으로 예측하고 있다.

지금까지 인간이 측정한 물리량 가운데 가장 정밀한 값은 '초'다. 시계가 발달하면서 앞으로 초의 정확도는 계속 높아질 것이다. 이렇듯 정확한 시계는 GPS●의 정확

● GPS 위성 항법 장치. 비행기·선박·자동차뿐만 아니라 세계 어느 곳에서든지 인공위성을 이용하여 자신의 위치를 정확히 알 수 있는 시스템.

도를 높이는 등 정보 통신 기기의 성능을 향상시키고, 더욱 다양한 물리 현상을 관찰할 수 있도록 도와준다.

에드워드 머이브리지(Eadweard Muybridge, 1830~1904)의 연속 사진을 통해 말의 발이 언제 땅에서 떨어졌는지 알 수 있게 된 것처럼, 더 짧은 시간으로 세상을 보면 우리가 알지 못하는 새로운 사실을 밝혀낼 수 있지 않을까 한다.

## ✚ 특수상대성이론이 예견한 시간 팽창

아인슈타인의 특수상대성이론이 예견한 가장 놀라운 일은 움직이는 관찰자마다 시간이 다르게 흘러간다는 것이었다. 상대성이론이 등장하기 전에는 우주에 사는 누구에게나 시간은 동일하게 흐른다고 여겼다. 하지만 아인슈타인은 광속이 불변하다고 가정하고 시간이 상대적이라고, 즉 관찰자에 따라 달리 측정된다고 주장했다. 상대성이론에 따르면 움직이는 물체의 시간은 정지한 관찰자가 측정했을 때에 비해 $\frac{1}{\sqrt{1-v^2/c^2}}$ 배 만큼 커진다(팽창한다). 광속에 비해 속력이 매우 느린 일상생활에서는 값이 '1'이 되어 시간 팽창을 경험할 수 없지만, GPS 인공위성처럼 속력이 빠른 경우에는 효과가 나타난다.

## ✚ 시간의 상대성과 절대성

'애인과 같이 있으면 1시간이 1분처럼 느껴지지만 상사에게 잔소리를 듣고 있으면 1분이 1시간처럼 느껴진다'는 것은 시간의 상대성을 설명하는 예처럼 보인다. 하지만 이것은 시간의 상대성이 아니라 절대성의 예다. 이렇게 느껴져도 시간은 동일하게 흐른다는 것을 의미한다. 우리가 일상생활에서 상대성이론을 경험하기는 어렵다. 빛의 속력과 비교할 만큼 빠른 교통수단을 만들기 전까지는 여전히 SF 속 이야기일 뿐이다.

**더 읽어봅시다**

데이바 소벨의 『경도 이야기』
리차드 모리스의 『시간의 화살』

# 세상을
# 밝히는
# 조명

**· 백열전구에서 LED까지 ·**

시계, 지구의 자전, 평균 태양일, 주기, 주파수, 역학적 에너지, 전자의 궤도

형설지공(螢雪之功)은 진(晉)나라 차윤(車胤)이 반딧불에, 손강(孫康)이 눈에 반사된 빛으로 글을 읽어 성공했다는 이야기에서 나온 말이다. 가난 속에서도 열심히 노력해 성공한 사람을 이르는 데 쓰는 말이지만, 한편으로는 조명의 중요성을 알려주는 일화이기도 하다. 조명이 없다면 밤에 할 수 있는 일이 적어진다. 또한 어두운 실내에서 생활하기도 어렵다.

## 세상을 탄생시킨 빛

영화 〈양들의 침묵(The Silence of the Lambs)〉(1991)에는 어둠 속에서 범인과 대적하는 형사가 느끼는 공포가 생생히 전해지는 장면이 나온다. 인간은 시각을 통해 가장 많은 외부 정보를 받아들인다. 그래서 어둠은 공포 영화의 필수적 요소로 사용된다.

성경에는 "태초에 빛이 있으라" 했다는 천지창조에 대한 말이 나온다. 빛이 어둠의 공포를 몰아낼 수 있는 희망이기 때문이다. 가수 송창식은

　세상을 밝히는 조명

햇빛을 프리즘에 통과시키는 뉴턴.

'빛이 없는 어둠 속에도 찾을 수 있는 우리는 연인'이라고 말 하지만 빛이 없으면 소리를 듣거나 주변을 더듬어 확인하는 것 말고는 할 수 있는 것이 거의 없다. 모든 것은 빛에서 시작되었다는 것은 단순한 비유적 표현이 아니다. 성경에서는 '빛이 있으라'는 말로 시작한다.

프로메테우스가 인간에게 전한 불은 열과 빛이라는 소중한 혜택을 가져다주었다. 열은 맹수로부터 인간을 지켜주었고, 가열로 먹을 수 있는 음식 수를 늘여 뇌를 발달시켰다. 또한 빛은 어둠 속에서도 다양한 활동을 할 수 있도록 해주었다. 원시인이 어두운 동굴 벽에 그림을 그릴 수 있었던 것은 분명 빛이 있었기 때문이다.

모닥불에서 시작된 조명의 역사는 횃불, 촛불, 램프를 거치면서 꾸준히 변화했고, 백열전구가 탄생하면서 인공조명의 시대로 접어들었다. 인간의 밤은 그 어느 때보다 화려하고 아름다워졌다. 물론 백열전구의 발명을 제2의 프로메테우스의 불이라고 치켜세우기도 하지만 한편으로는 휴식과 충분한 수면시간을 앗아갔다는 부정적 측면이 존재하는 것도 사실이다.

이렇게 조명이 꾸준히 변해오는 동안 빛에 대한 과학자들의 생각도 계속 변했다. 뉴턴은 햇빛을 프리즘에 통과시키는 실험을 했고, 빛이 더 이상 나누어지지 않는 알갱이로 되어 있다는 입자설을 주장했다. 뉴턴의 주장과 달리 네덜란드의 과학자 하위헌스는 빛이 파동이라는 파동설

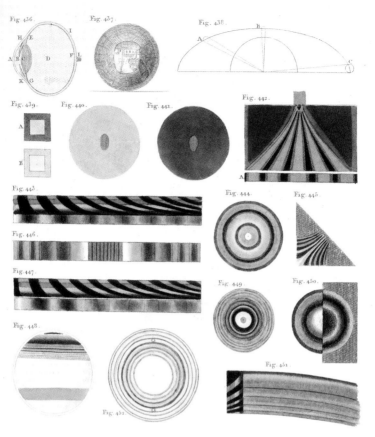

빛이 파동이라는 것을 보여주는 현상들.

영국 과학자 토마스 영

로 맞섰지만 뉴턴의 명성에 가려져 거의 받아들여지지 않았다.

그러한 상황에서 1801년 영국 과학자 영(Thomas Young)의 이중슬릿에 의한 간섭 실험은 놀라운 것이었다. 간섭 현상은 파동일 경우에만 나타는 현상이기 때문이다. 하지만 이것으로 빛의 성질에 대한 오랜 논쟁이 끝나지는 않았다. 1887년 음극선 실험 도중에 발견된 광전효과는 파동설로 설명하기가 힘들었다. 빛을 쬐어주면 금속 표면에서 전자가 튀어나오는 이 기묘한 현상을 아인슈타인은 빛이 광량자라는 알갱이로 이루어졌다는 아이디어로 멋지게 설명해낸다.

결국 오늘날에는 빛은 입자와 파동의 성질을 모두 지닌 것으로 보고 있다. 그래서 빛을 입자로 표현할 때는 광자(photon)라고 부르며, 파동으로 표현할 때는 전자기파라고 부른다. 하지만 광자와 전자기파는 전혀 다른 별개의 개념이 아니라 광자가 지닌 에너지를 나타내는 공식 (광자의 에너지=플랑크상수×진동수)에서 알 수 있듯 광자라고 부르지만 파동과 밀접한 관계가 있다.

입자물리학에 따르면 광자는 전자기력을 매개하는 입자로 전자기력은 광자에 의해 전달된다. 원자는 원자핵과 전자로 구성되어 있는데, 전자는 원자핵에 가까운 궤도는 에너지 준위가 낮은 상태이며 멀어질수록 에너지 준위가 높아지는 불연속 궤도를 가진다. 전자는 궤도 사이 공간에서는 존재할 수 없기 때문에 궤도 사이를 건너다닐 때는 그 차이만큼의 에너지를 광자의 형태로 방출하거나 흡수한다.

## 태양을 닮은 백열전구

들뜬상태의 전자는 원래의 낮고 안정된 궤도로 돌아오기 위해 광자를 방출하는데 이러한 원리로 빛을 방출하는 것을 발광(luminescence)이라고 한다. 반딧불이나 해파리처럼 생물체가 빛을 방출하는 현상은 발광에 의한 것이다. 또한 혈흔 검사에 쓰이는 루미놀 반응, 야광이나 형광도 모두 발광 현상이다.

발광 현상에 의한 빛은 광원의 온도가 높지 않아 냉광이라 부르기도 한다. 하지만 일반적으로 빛이라고 하면 따스함과 연관 짓게 되는데 이는 태양이나 숯불처럼 뜨거운 물체에서도 빛이 나오기 때문이다. 마찬가지로 인공조명 시대를 연 백열전구도 태양을 흉내 낸 열복사 조명기구이다.

1879년 에디슨이 발명한 백열전구.

최초의 백열전구는 1879년 에디슨이 발명(정확히는 상용화)했다. 에디슨은 면사를 탄화시켜 만든 필라멘트를 유리구로 감싸고 진공 상태로 만들었다. 500℃ 이상으로 필라멘트가 가열되면 백열전구에서 약하게 빛을 내기 시작하고 900℃가 되면 빛이 난다. 이때 전구 안에 공기가 들어 있다면 필라멘트는 산소와 결합해 순식간에 타버린다. 그래서 진공

세상을 밝히는 조명

으로 만든 것이다.

1910년에 탄소를 대신해 텅스텐 필라멘트를 사용했다. 그리고 아르곤이나 질소 같은 비활성기체를 넣어 오늘날과 같은 형태의 백열전구가 탄생한다. 텅스텐을 필라멘트로 사용한 것은 녹는점이 3,422℃로 탄소(탄소는 1기압에서 녹지 않고 3,642℃에서 승화한다) 다음으로 고온에 잘 견디는 물질이기 때문이다.

텅스텐에 전류가 흐르면 열복사가 일어날 만큼 온도가 올라간다. 이는 전류의 열작용(줄 효과)에 의한 것이다. 필라멘트에 전류가 흐르면 전자가 텅스텐 원자와 충돌하면서 원자의 진동속도가 빨라지고 온도는 올라간다. 그래서 백열전구의 필라멘트는 굵고 튼튼하게 만드는 것이 아니라 가늘고 길게 코일형으로 만들어 저항이 증가되고 열이 많이 발생한다. 저항은 물체의 단면적이 작고, 길이가 길수록 커지기 때문이다 $\left( R = p\frac{l}{s} \right)$.

전류가 흘러 텅스텐 필라멘트가 백열 상태가 되면 노란빛을 띠는 빛을 방출한다. 전구의 경우 필라멘트의 온도가 순식간에 올라가 온도에 따른 색을 관찰하기 힘들지만 전기난로와 비교해보면 재미있는 사실을 발견할 수 있다. 우리는 당연히 전기난로의 온도가 훨씬 높다고 생각하지만 전구의 필라멘트 온도가 훨씬 높다. 전기난로를 작동시키면 코일은 대체로 붉은색을 띠지만 전구의 필라멘트는 흰색에 가까운 밝은 노란색을 보인다.

물체를 가열하면 처음에는 아무런 색도 띠지 않다가 온도가 증가함에 따라 검붉은 색에서 흰색에 이르는 색을 보이는데, 이를 색온도라고 한

다. 색온도를 보면 물체의 온도를 대충 추측할 수 있다. 붉은색에서 흰색으로 갈수록 온도는 높아진다. 실제로 전기난로의 니크롬선은 1,000℃를 넘지 않지만 백열전구의 필라멘트는 2,500℃가 넘는다. 니크롬선보다 필라멘트의 온도가 더 높은 이유는 온도가 높을수록 최대 복사에너지를 내는 파장의 길이가 짧아지기 때문이다. 이를 빈의 변위법칙(Wien's displacement law)이라고 한다.

이 법칙에 따르면 온도가 낮은 경우에는 열선이라고 불리는 적외선, 온도가 높아지면 파장이 짧은 가시광선이 많이 나온다. 그래서 온도를 높이는 것이 목적인 전기난로의 니크롬선은 전구의 필라멘트보다 온도가 낮다. 마찬가지로 백열전구의 필라멘트 온도를 높이면 더 밝고 효율도 높아진다. 하지만 텅스텐 필라멘트의 온도를 높일수록 승화가 빠르게 일어나 전구의 수명이 짧아지고, 전구 유리가 고온에 견디기 어렵다는 문제가 있다(오래된 전구의 유리가 검게 변하는 것은 텅스텐이 승화되어 유리 내부에 붙기 때문이다).

그래서 등장한 것이 할로겐 전구이다. 할로겐 전구는 브롬이나 요오드 같은 할로겐(halogen) 가스를 봉입해 만든 것으로 필라멘트가 3,000℃에

영국 물리학자 험프리 데이비는 탄소 전극을 이용해 아크 방전 현상을 발견했다.

이르는 높은 온도로 가열되어 밝고 효율이 높다. 할로겐 전구가 백열전구보다 높은 온도를 유지할 수 있는 것은 승화된 텅스텐 원자를 할로겐 가스가 다시 필라멘트로 돌려보내기 때문이다.

할로겐 가스는 온도가 낮을 때는 텅스텐 원자와 결합했다가 온도가 높은 필라멘트에서는 분리된다. 이렇게 텅스텐 원자의 재활용이 잘 일어나게 하기 위해 할로겐 전구의 크기가 작은 것이다.

## 번개로 만든 전등

백열전구가 태양이나 자연에 존재하는 불을 흉내 낸 것이라면, 형광등은 번개를 흉내 낸 것이라고 할 수 있다. 1802년에 영국 물리학자 험프리 데이비(Humphry Davy)는 탄소 전극을 이용해 아크 방전(arc discharge) 현상을 발견한다. 데이비는 이를 이용해 최초의 전등을 만들었으나 탄소 전극의 수명이 짧았고, 아이러니하게도 실내용으로 사용하기에는 너무 밝아서 상용화되지 못했다. 방전등이 실내조명으로 사용될 수 있었던 것은 1938년에 개발된 형광등에 이르러서였다.

방전등은 열복사를 이용한 백열전구와 달리 아크 방전 현상을 이용한다. 방전은 전기를 띤 물체가 전하를 잃는 것으로 충전(charge)과 반대되는 현상이다. 충전된 물체는 오랜 시간 방치하면 서서히 전자들이 공기 중으로 빠져나가 방전된다. 겨울에 몸에 쌓인 전하들에 의해 스파크가 일어나기도 하는데, 이것도 방전 현상이다.

이러한 소규모 방전 현상과 달리 번개의 경우에는 흰색 불꽃을 발생시키는데, 이를 조명으로 이용한 것이 아크 방전등이다. 물론 아크 방전등이나 형광등의 경우 저전압 전극에서 열전자가 방출되는 것이고 번개의 경우 고전압 상태에서 절연이 파괴되면서 발생한다는 점에서 차이가 있다. 하지만 모두 방전 현상이라고 부른다.

그렇다면 방전 현상을 이용한 형광등을 왜 방전등이라고 부르지 않을까? 형광등도 분명 방전등이다. 하지만 방전으로 발생한 빛은 가시광선이 아니라 자외선이며 눈으로 볼 수 없다. 형광등에 전압을 걸어주면 음극에서 튀어나온 전자들과 충돌해 들뜬상태가 된 수은 원자들이 재빨리 자외선을 방출하고 안정된 상태가 된다. 방출된 자외선은 형광등 안쪽에 흰색 가루처럼 뿌려진 형광물질과 충돌해 흡수되고, 들뜬상태가 된 형광물질은 가시광선을 방출한다. 그래서 형광등은 방전등이지만 형광등으로 불린다.

간혹 노래방이나 나이트클럽 등 공연에 사용되는 블랙라이트는 가시광선은 차단하고 가시광선에 가까운 360나노미터(nm)의 자외선이 나오도록

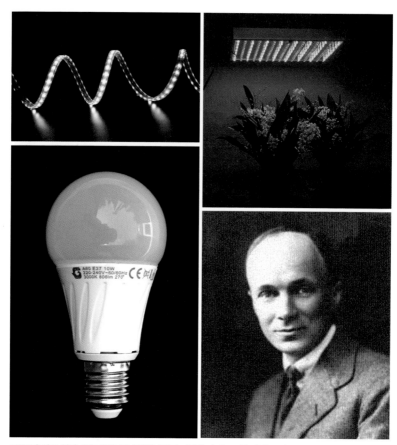

1907년 영국 엔지니어 라운드가 발견한 LED는 발광 다이오드를 말하는 것으로 이름에서 알 수 있듯이 빛을 내는 반도체 조명 장치이다.

만든 전등이다. 블랙라이트에서 볼 수 있는 것처럼 형광등은 띠스펙트럼의 빛을 낸다. 태양이나 백열전구처럼 열복사로 빛을 내는 경우에는 원자들이 제멋대로 진동하면서 연속스펙트럼을 방출하지만 형광등의 경우에는 관내부의 기체나 형광물질의 종류에 따라 파장이 다른 빛이 나온다.

그래서 3파장 형광램프는 청색, 녹색, 적색의 빛이 나올 수 있도록 형광물질을 발라 만든 전등이며, 태양빛에 가깝게 만들기 위해 5파장이나

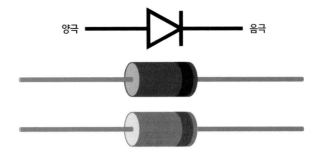

다이오드는 P형 반도체와 N형 반도체를 접합하여 전류를 한 방향으로 흐를 수 있게 만든 반도체 소자이다.

7파장 형광램프를 만들기도 한다. 백열전구의 경우 전력의 5%만이 빛으로 전환되며, 나머지는 모두 열에너지(적외선 복사)로 방출된다. 하지만 형광등의 경우에는 백열전구에 비해 열이 적게 발생하므로 효율이 3배나 높다.

형광등에는 수은이 0.01(mmHg) 정도로 매우 적은 양이 들어 있지만 공원이나 체육관에서 볼 수 있는 고압수은등에는 100~760(mmHg)●의 수은이 들어 있다. 그리고 초고압수은등에는 10~20기압의 수은이 들어 있는데, 수은등 내부 온도가 높아 수은 원자에 의한 열복사가 일어나 연속스펙트럼이 방출된다.

● **기압의 단위** 1기압 = 760mmHg

## 미래를 밝혀줄 광원

최근 들어 램프에서부터 디스플레이까지 사용되지 않는 곳이 없을 정도로 인기를 끄는 광원이 LED이다. 미래형 광원으로 주목받고 있지만 그 원리는 이미 1907년 영국 엔지니어 라운드(Henry Joseph Round)가 발견해 오랜 역사를 지니고 있다. 라운드는 진공 다이오드를 대신할 수 있는 대체물로 다이오드를 조사하다가 우연히 발광 현상을 발견했다. 즉 LED는 발광 다이오드(Light Emitting Diode)를 말하는 것으로 이름에서 알 수 있듯이 빛을 내는 반도체 조명 장치이다.

물질은 전기전도도에 따라 전류를 잘 흐르게 하는 도체와 거의 흐르지 않게 하는 부도체로 분류할 수 있는데, 반도체는 순수한 상태에서는 부도체에 가깝지만 불순물을 섞어주면 도체에 가까워지는 물질이다.

4A족에 속하는 4가 원소(최외각 전자가 4개)인 규소(Si)는 자유전자가 없어 전압이 걸려도 전류가 흐르지 않는 부도체의 성질을 지닌다. 하지만 규소에 5가원소인 인(P)을 섞어주면 전자 하나가 남게 되어 자유전자 역할을 하고 전압을 걸면 전류가 흐르게 된다.

반대로 3가 원소인 붕소(B)를 불순물로 섞어주면 전자 하나가 부족하게 된다. 전자가 없는 빈자리를 양공(hole)이라고 부르는데, 양공에는 전자가 채워질 수 있어 전압을 걸어주면 전자가 이동할 수 있게 된다. 반도체를 n형 반도체와 p형 반도체로 구분할 때, n은 자유전자이며 p는 양공을 뜻한다. 이처럼 원래 부도체에 가까웠던 규소가 불순물에 의해 도체의 성질을 가지게 되었기에 이를 반도체라고 부른다.

다이오드는 이러한 p형 반도체와 n형 반도체를 접합시켜 만든다. p-n 접합 다이오드는 전압을 걸어주면 한쪽 방향(순방향)으로만 전류를 흐르게 하는 재미난 특성을 가지고 있다. p형 반도체 쪽에 (−)전압을 걸어주고 n형 반도체에 (+)전압을 걸어주면 (−)극에는 양공, (+)극에는 전자가 이동해 전류가 흐르지 않는다. 하지만 p형 반도체 쪽에 (+)전압을 걸

LED 조명을 이용한 식물 재배.

어주고 n형 반도체에 (-)전압을 걸어주면 전자가 양공 쪽으로 이동하면 서 전류가 흐른다. 이와 같이 다이오드는 순방향일 때는 전류가 흐르지 만 역방향으로 전압을 걸면 전류가 흐르지 않는 성질을 이용해 교류를 직류로 바꾸는 정류회로에 많이 사용한다.

반도체가 광원으로 사용될 수 있는 것은 전자와 양공이 결합할 때 밴 드 갭(band gap)이나 전자의 에너지 준위 차이만큼 광자를 방출하기 때 문이다. LED의 빛은 물질의 종류나 밴드 갭에 따라 파장이 정해지기 때 문에 조명 장치로는 적당하지 않다고 여겨졌다. 하지만 다양한 파장의 다이오드를 제조할 수 있게 되면서 조명 장치로 사용할 수 있게 되었다.

LED가 미래를 밝혀줄 광원으로 주목받는 이유는 전력 효율이 높고 수명이 길기 때문이다. 지금은 거의 LED 모니터가 대세로 굳혀졌지만 몇 년 전까지만 해도 LCD 모니터를 많이 볼 수 있었다. 둘의 가장 큰 차

세상을 밝히는 조명

이점은 백라이트에 있다. LCD 모니터는 백라이트로 냉음극관(CCFL)을 사용하고, LED 모니터는 LED 램프를 사용한다. LED의 경우 형광등의 수은 같은 환경오염물질을 방출하지 않는다는 장점도 있다.

또한 LED는 단순히 인간의 생활을 위한 조명으로만 사용되는 것이 아니다. LED는 빌딩 내에서 식물을 재배하는 식물공장에 꼭 필요한 광원이기도 하다. 이는 LED가 식물에게 필요한 파장의 광원만 낼 수 있어 효율적이기 때문이다. 엽록소의 종류에 따라 주로 흡수하는 파장이 다르므로, 광합성을 할 때 모든 파장의 빛을 이용하지 않는다.

## ✚ 토르의 전등

1799년 알레산드로 볼타가 전지를 만들었지만 여전히 전기를 활용한 기기는 없었다. 그러던 중 영국의 과학자 험프리 데이비가 전극 사이에서 불꽃이 일어나는 것을 이용해 전기를 이용한 조명 장치인 전깃불을 만들었다. 영화에서 토르가 보여준 번개가 위력적이듯 방전의 불빛은 너무 밝아서 등대나 무대의 서치라이트에 활용되었다. 오늘날에는 이 원리를 전등뿐 아니라 용접에 사용한다. 아크 방전에서 나오는 열의 온도가 3,000℃가 넘어서 금속을 녹여 붙일 정도가 되는 것이다.

## ✚ 빛의 정체

원자 내부의 전자들이 들뜬상태에서 바닥상태로 떨어질 때 광자(빛)를 방출한다. 이때 광자가 지닌 에너지는 $E = hf$의 형태로 표시된다. 이 식을 보면 플랑크 상수와 진동수의 곱이 광자가 지닌 에너지라는 것을 알 수 있다. 진동수라는 물리량이 있으니 빛은 파동이라고 생각할 수 있다. 하지만 그 값은 플랑크 상수($h = 6.62610^{-34} J \cdot s$) 값의 정수배만 취할 수 있다. 즉 빛은 연속적인 값을 가지지 않는 알갱이(입자)의 성질도 띤다. 빛이 파동과 입자의 이중성을 지녔기 때문이다. 말로는 간단하지만 이중성을 그림으로 정확히 묘사하기는 어렵다.

**더 읽어봅시다**

데이바 소벨의 『경도 이야기』
리차드 모리스의 『시간의 화살』

# 진공의
# 새로운
# 발견

**· 라면 수프에서 진공 튜브까지 ·**

진공, 대기압, 진공청소기, 진공 동결 건조, 진공관, X선

영화 〈그래비티(Gravity)〉에서 주인공이 살아남기 위해 싸워야 하는 대상은 무중력이 아니라 진공 상태였다. 우주 공간에서 우주복이 필요한 이유는 지구와 달리 공기가 거의 없는 진공 상태이기 때문이다. 그래서 진공을 인간의 생존에 위협이 되는 것으로 알고 있겠지만, 사실은 진공 덕분에 지상의 생물들은 살 수 있다. 또한 진공청소기에서 텔레비전까지 많은 기기를 작동시키고 제조하는 데 필요한 것이 진공이다.

## 진공의 새로운 발견

진공을 뜻하는 'vacuum'은 '비어 있다'는 뜻의 그리스어 'vacua'에서 온 말이다. 마찬가지로 '완전히 비어 있는 공간'이라는 뜻에서 한자로는 '眞空'이라 표기한다. 원자론자였던 데모크리토스는 진공이 존재한다고 주장했지만, 아리스토텔레스는 "자연은 진공을 싫어한다"라며 진공의 존

데모크리토스

재를 부정했다.

데모크리토스는 만물이 더 이상 쪼갤 수 없는 원자로 되어 있으며, 물질이 없는 원자 주위가 진공이라고 생각했다. 그러나 데모크리토스의 생각처럼 아무것도 존재하지 않는 이른바 절대 진공은 기술적으로 실현하기 어렵다. 심지어 양자역학*에 따르면 절대 진공의 공간조차 아무것도 없는 무(無)의 공간이 아니라, 에너지가 요동치는 혼돈의 공간이다.

고대 로마시대에 이르러, 사람들은 진공을 이용해 만든 펌프로 광산에서 물을 퍼내기 시작했다. 하지만 진공이 무엇인지는 전혀 알지 못했다. 이는 17세기에 와서도 마찬가지였다. 주사기 끝을 잡아당기면 물이 끌려 올라오지만, 단순히 자연이 진공을 싫어하기 때문이라고

● **양자역학** 양자론의 기초를 이루는 물리학 이론의 체계로, 원자·분자·소립자 등의 미시적 대상에 적용되는 역학이다. 거시적 현상에 보편적으로 적용되는 고전역학과 전혀 다른 부분이 많다.

여겼다. 하지만 아무리 힘을 들여도 깊이 10.3미터를 넘으면 물을 끌어올릴 수 없는 현상은 설명할 수 없었다.

그 비밀은 갈릴레이의 조수 토리첼리(Evangelista Torricelli, 1608~1647)가 알아냈다. 1643년 토리첼리는 1미터 높이의 유리관에 수은을 넣고 수은이 담긴 수조에 거

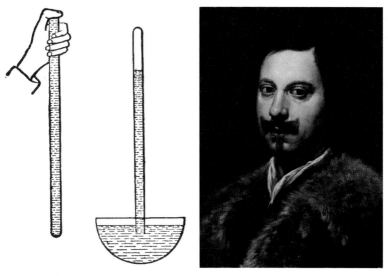
토리첼리는 1미터 높이의 유리관에 수은을 넣고 수은이 담긴 수조에 거꾸로 세우면, 수은이 항상 76센티미터 위치에서 멈춘다는 것을 확인하였다.

꾸로 세우면, 수은이 항상 76센티미터 위치에서 멈춘다는 것을 확인하였다. 이는 유리관 끝의 모양을 다양하게 만들어도 마찬가지였다. 그는 수은 기둥이 멈추는 높이가 일정한 이유를 유리관 밖에서 작용하는 힘 때문이라고 생각했다. 하지만 여전히 사람들은 진공의 존재를 믿지 않았고, 대기압에 의해 수은이 밀려 올라간다는 생각을 받아들이지 않았다.

이러한 토리첼리의 실험 이야기를 전해들은 파스칼(Blaise Pascal, 1623~1662)은 대기압의 영향과 진공의 존재를 확인하기 위한 방법을 고안해냈다. 바로 토리첼리의 수은 기압계를 들고 산으로 올라가는 것이었다. 갑자기 심한 독감에 걸린 파스칼은 자신의 매형 페리에(Perier)에게 수은 기둥을 가지고 산을 오르도록 부탁했다. 1648년 9월, 파스칼의 부탁을 받은 페리에는 해발 고도 1,465미터나 되는 산에 오르면서, 점차

진공의 새로운 발견

파스칼

수은 기둥이 내려가는 것을 확인했다. 파스칼이 가정한 대기압의 존재를 증명해낸 것이다. 이러한 업적 때문에 오늘날 기상학에서는 기압의 단위로 hPa(헥토파스칼)●을 사용하며, 진공 연구에서는 종종 토리첼리의 이름에서 유래한 토르(torr)를 사용하기도 한다.

진공의 역사에서 독일 마그데부르크의 시장이자 물리학자였던 게리케(Otto von Guericke, 1602~1686)를 빼놓을 수 없다. 게리케는 공기를 뺀 구리로 된 구가 찌그러지는 이유가 대기압 때문이라는 사실과 강풍이 대기의 압력차로 생긴다는 점을 잘 알고 있었다.

● hPa 1Pa은 1m² 넓이에 1N의 힘이 작용할 때의 압력으로 1hPa은 1Pa의 100배다.

1654년 게리케는 자신이 발명한 진공 펌프로 '마그데부르크의 반구 실험'이라는 과학사에 길이 남은 실험을 실시했다. 그는 지름이 약 35센티미터인 구리 반구 두 개를 꼭 맞춘 뒤, 한쪽 반구에 단 밸브를 통해 공기 펌프로 내부의 공기를 모두 뺐다. 그리고 두 반구 양쪽에서 각 8마리의 말로 끌어당기자 큰 굉음을 내며 겨우 떨어졌다. 놀랍게도 두 반구를 분리하는 데는 16마리의 말이 필요했던 것이다. 이 일화는 대기압의 위력을 사람들에게 확실하게 각인시킨 가장 유명한 실험으로 남았다.

1654년 게리케는 자신이 발명한 진공 펌프로 '마그데부르크의 반구 실험'이라는 과학사에 길이 남은 실험을 실시했다.

## 진공과 생물

단순히 생각하면, 게리케가 했던 것처럼 공기 펌프로 계속 공기를 빼면 반구 안이 절대 진공 상태에 도달할 것 같지만 이는 그리 간단한 문제가 아니다. 공기 펌프로 계속 공기를 빼 초고진공* 상태에 도달하면 먼저 진공 용기 표면에서 수분이 빠져나오고, 이어서 진공 용기를 구성하는 금속 사이에서 기체들이 나오기 때문이다. 그래서 공학자들은 흔히 생각하는 진공(절대 진공)뿐 아니라 1기압보다 낮은 상태도 모두 진공이라 부른다.

● **초고진공** 고진공보다 진공도가 더 높은 진공 상태. 흔히 진공 상태는 압력으로 표시한다. 1기압은 약 $10^5$Pa인데, 흔히 $10^{-1}$~$10^{-4}$Pa은 고진공, $10^{-5}$~$10^{-8}$Pa은 초고진공, $10^{-9}$Pa 이하는 극고진공이라 한다.

이처럼 진공의 개념을 폭넓게 정의하면, 진공은 우주 공간에만 있는 것이 아니라 우리 주변에서 흔히 볼 수 있는 현상이라는 사실을 알게 된다. 대부분의 공기 흐름이 진공과 관련 있으며, 지상에서 폐를 이용해 숨을 쉬고 사는 생물은 모두 진공에 의존한다. 인간은 태어나면서부터 진공과 밀접한 관련을 가지며, 죽을 때까지 진공 없이는 살 수 없다.

우리는 숨을 쉴 때 횡격막의 운동을 이용해 폐 속을 진공 상태로 만들어 공기를 흡입한다. 단순히 확산에 의해 가스 교환을 할 경우 몸에서 필요로 하는 산소량을 공급할 수 없기 때문에 진공과 압력을 이용한다. 그리고 갓난아기는 입 안을 진공 상태로 만들어 엄마 젖을 빨아 먹으며, 빨대로 음료수를 먹을 수 있는 원리도 마찬가지다.

진공은 호흡뿐 아니라 식품을 보존하거나 포장하는 데에도 사용된다. 식품을 오래 보존하기 위해서는 냉동시키거나 건조시켜야 하는데, 냉동식품은 냉장고에 보관해야 한다는 단점이 있다. 따라서 휴대성을 높이기 위해서는 건조시켜야 한다. 온도가 높을수록 건조가 잘되지만, 건조시킬 때 열을 가하면 향미(香味, 음식의 향기로운 맛) 성분이 함께 기화되거나 식품 성분이 화학 반응을 일으켜 변질될 수 있다는 단점이 있다.

이와 달리 '진공 동결 건조'(동결 건조는 식품을 동결 상태 그대로 건조하는 방법)를 하면 식품 사이에 있던 얼음의 승화가 일어나 수분만 빠져나가면서 건조된다. 동결 건조의 장점은 승화될 때 수분만 빠져나가기 때문에 식품의 형태를 복원하기 쉽고 맛이나 향을 그대로 보존할 수 있다는 것이다. 라면의 건더기 수프나 커피를 진공 동결 건조 방식으로 생산하는 이유이기도 하다. 야외에서 따뜻한 물만 부어주면 즉석에서 봉지

비빔밥을 먹을 수 있는 것도 진공 덕분이다.

진공 동결 건조 방식은 식품 외에 드라이플라워를 만드는 데에도 이용된다. 드라이플라워를 만들 때는 꽃의 색상이나 모양이 그대로 보존되도록 건조시켜야 한다. 자연 건조나 열풍, 화학적인 방법 등으로 건조시킨 것보다 진공 동결 건조 방식을 이용하면 색상이나 모양이 우수한 드라이플라워를 얻을 수 있다. 진공으로 아름다움도 보존할 수 있는 것이다.

하지만 뭐니 뭐니 해도 우리 주변에서 가장 많이 볼 수 있는 진공을 이용한 발명품은 진공청소기다. 간혹 진공청소기 내부는 진공이 아니라는 말을 하는데, 이는 정확한 이야기가 아니다. 진공청소기는 분명 진공을 이용한다. 진공청소기 속 송풍 장치는 강한 회전을 바탕으로 청소기 내부를 외부의 기압보다 낮은 상태(진공)로 만들어, 외부의 공기를 빨아들인다.

최초의 진공청소기는 1901년 영국 기술자 세실 부스(Hubert Cecil Booth, 1871~1955)가 만들었다. 어느 날 부스는 압축 공기를 이용해 먼지를 불어 없애는 청소기를 보고 흡입식 청소기에 대한 아이디어를 떠올렸다. 그는 마차에 펌프를 장치한 거대한 기계식 진공청소기를 제작했다.

진공청소기

진공의 새로운 발견

최초의 진공청소기는 1901년 영국 기술자 세실 부스가 만들었다. 어느 날 부스는 압축 공기를 이용해 먼지를 불어 없애는 청소기를 보고 흡입식 청소기에 대한 아이디어를 떠올렸다.

기계를 작동시키려면 여러 명의 청소 대원과 많은 비용이 필요했지만, 부스의 진공청소기는 런던의 상류층에게 큰 인기를 끌었다. 게다가 그의 진공청소기는 영국 런던의 수정궁에서 전염병을 몰아내는 혁혁한 공을 세우기도 했다. 수정궁을 진공청소기로 청소한 후 전염병에 걸려 쓰러지던 병사들이 사라졌다. 진공청소기가 먼지와 함께 세균도 함께 빨아들인 것이다. 그

제임스 스팽글러

뒤 유럽 전역의 국가 원수들이 그의 진공청소기를 사들였고, 사교계 부인들은 응접실에 친구들을 불러놓고 진공청소기로 청소하는 광경을 자랑스럽게 보여주었다.

오늘날 우리가 흔히 쓰는 가정용 진공청소기는 1907년 미국 발명가 스팽글러(James M. Spangler, 1848~1915)에 의해 발명되었다. 평소 기침을 많이 하던 스팽글러는 먼지가 원인이라 생각하고 휴대할 수 있는 진공청소기를 만들었다. 그가 만든 진공청소기는 집 안의 먼지와 진드기를 간편하게 제거하는 데에 탁월한 효과를 보여 큰 사랑을 받았다. 하지만 통념과 달리 진공청소기가 여성들의 가사 업무를 줄이는 데에는 별 도움이 되지 못했다. 가정에 따라 다르기는 하겠지만, 진공청소기 때문에 청소에 대한 기대 수준이 높아져 더 자주 청소를 해야 했고, 카펫과 같은 남자들의 청소 영역까지 여자들의 몫이 되었다.

진공의 새로운 발견

## 가장 완벽한 도체, 진공

진공은 산업혁명과 현대 문명이 탄생하는 데에도 중요한 역할을 했다. 산업혁명은 뉴커먼(T. Newcomen)이 발명한 증기기관의 효율을 제임스 와트(James Watt)가 4배 이상 높이면서 가능했다. 뉴커먼의 증기기관은 실린더에 채워진 증기의 힘으로 피스톤이 밀려 올라간 뒤, 다시 실린더를 냉각시켜 진공 상태가 되면 기압에 의해 피스톤이 실린더 쪽으로 밀려가는 식으로 작동한다. 와트는 실린더를 냉각시킬 때 많은 열이 낭비된다는 것에 착안해, 계속 뜨겁게 달궈진 별도의 실린더를 만들어 증기기관의 열효율을 높였다.

산업혁명의 뒤를 이어 현대 사회를 밝힌 조명과 디스플레이 산업도 진공의 도움으로 시작되었다. 현대 전기 문명의 시작을 알리는 상징적인 발명품은 에디슨의 백열전구라 할 수 있다. 에디슨은 기존의 공기 펌프를 개량해, 백열전구 안의 공기를 모두 빼내 진공 상태로 만들었다. 전구 안에 산소가 있으면 필라멘트가 쉽게 산화되기 때문이다. 재미있는 사실은 에디슨이 백열전구를 연구하면서 진공관●을 만들 수 있는 중요한 발견도 함께 했다는 점이다. 1883년, 에디슨은 백열전구를 만들던 중 진공 상태에서도 전류가 흐른다는 사실을 발견했고, 이를 토대로 플레밍(John A. Fleming)이 최초의 2극 진공관●을 발명했다.

● **진공관** 유리나 금속 등의 용기에 몇 개의 전극을 봉입하고 내부를 높은 진공 상태로 만든 전자관. 금속을 가열할 때 방출되는 전자를 전기장으로 제어하면 정류, 증폭 등의 특성을 얻을 수 있다.

진공관

진공관은 IT 시대의 탄생을 알리는 가장 중요한 발명품이다. 진공관 덕분에 라디오나 텔레비전이 보급될 수 있었고, 전자식 컴퓨터도 등장할 수 있었다. 1946년 현대 컴퓨터의 효시*로 알려진 에니악(ENIAC)은 무려 1만 7,468개의 진공관을 가진 거대한 진공 기계였다. 하지만 1947년에는 게르마늄 반도체를 이용한 최초의 트랜지스터가 등장해 빠른 속도로 진공관을 대체했고, 트랜지스터는 다시 집적회로(IC)와 고밀도집적회로(LSI)로 교체되기에 이르렀다.

이 과정에서 오해하지 말아야 할 것은 진공관이 트랜지스터보다 결코 성능이 떨어져 교체된 것이 아니라는 점이다. 진공관은 유리로 만들어져 부피가 크고 파손의 우려가 있으며, 결정적으로 가격이 비싸다는 단점이 있다.

사실 진공은 가장 완벽한 도체로, 머지않아 한계에 도달할 고체 반도체를 대체할 새로운 전자 소자로 주목받고 있다. 물질도 아닌 진공을 왜 도체라고 부르는 것이 이상하겠지만, 도체의 정의를 보면 어렵지 않게 알 수 있다. 도체란 '저항이 매우 작아 전류를 잘 흐르게 하는 물체'를 말한다. 비록 물체는 아니지만, 진공 상태는 아무것도 존재하지 않아 전자의 흐름(전류)을 방해하지 않는다.

현재 반도체 칩 회로의 선로 폭은 집적도를 높이기 위해 나노미터* 수준까지 낮춰진 상태다. 1나노미터 이하가 되면 선로 폭이 원자 몇 개 정도로 좁아지면서 양자 터널링 현상으로 인해 전자를 통제하기 어려워

● **2극 진공관** 기체를 빼낸 유리구 속에 백열전구와 같은 필라멘트와 2개의 금속판 전극을 넣은 진공관.

● **컴퓨터의 효시** 흔히 알려진 것처럼 에니악이 최초의 컴퓨터는 아니다. 1941년, 독일은 최초의 전자·기계식 컴퓨터 Z3를 개발했으며, 영국은 독일군 암호를 해독하기 위해 콜로서스 1호를 만들었다. Z3는 연합국의 폭격으로 파괴되었고, 콜로서스 1호는 그 존재 자체가 일급 비밀이었기 때문에 일반인에게 알려지지 않았을 뿐이다.

● **나노미터** 빛의 파장같이 짧은 길이를 나타내는 단위. 1나노미터는 1미터의 10억분의 1이다.

진공의 새로운 발견

1946년 현대 컴퓨터의 효시로 알려진 에니악(ENIAC)은 무려 1만 7,468개의 진공관을 가진 거대한 진공 기계였다.

진다. 또한 선로가 좁아 전자가 통과하기도 어렵고, 발열 문제도 해결하기 쉽지 않다. 이와 달리 진공 전자 소자는 아무리 적은 양의 전자라도 완벽히 통제해서 충돌이 일어나지 않기 때문에 발열 문제가 생기지 않는다.

그동안 고급 앰프 속에서만 숨죽이며 지내오던 진공관이 새롭게 조명받는 순간이 온 것이다. 따라서 앞으로 진공 전자 소자로 만든 컴퓨터가 등장할 가능성도 높아지고 있다.

## 미래를 밝히는 진공

단지 컴퓨터의 출현을 이끈 것으로 진공관의 임무가 끝난 것이 아니다. 1895년, 독일 과학자 뢴트겐(W. C. Röntgen)이 X선을 발견하면서, 진공은 또 한 번 현대 과학에 새로운 전환기를 가져오는 역할을 한다. 뢴트겐이 X선을 방출하는 데 사용한 것이 크룩스관(Crookes tube)이라 불리

뢴트겐이 X선을 방출하는 데 사용한 것이 크룩스관이라 불리는 진공 전기 방전관이었다.

진공의 새로운 발견

는 진공 전기 방전관이었다. 뒤이어 X선 발견에 자극받은 베크렐(A. H. Becquerel)은 우라늄에서 방사선을 발견하고, 톰슨(J. J. Thomson)은 음극선관●을 이용해 전자를 발견한다.

이러한 방사선과 전자는 원자 구조를 이해하는 데 결정적인 계기를 제공했으며, 음극선관은 브라운관으로 발전해 텔레비전을 탄생시켰다. 한편 X선을 발견한 공로로 뢴트겐은 최초의 노벨 물리학상을 수상했다. 현재 X선 촬영 장치는 아픈 사람들을 진단하는 데 없어서는 안 될 중요한 영상의학 장비로 쓰이고 있다. 또 생물이나 물질의 구조를 연구하는 데 반드시 필요한 '투과 전자 현미경(TEM)'이나 '주사 전자 현미경(SEM)' 같은 전자 현미경들도 진공 상태에서 방출되는 전자 빔을 이용한다.

조지프 톰슨

앙리 베크렐

오늘날 진공은 첨단 산업 제품의 생산 과정에서 불순물을 줄이는 데에 큰 도움을 준다. 1기압 상태에서는 1cm$^3$당 $2.7 \times 10^{19}$개나 되는 많은 기체 분자가 존재하지만, 초고진공 상태에서 기체 분자의 개수는 266만 개로 줄어든다. 따라서 진공도가 높을수록 박막(기계 가공으로는 만들 수 없는 두께 1/1000밀리미터 이하의 막) 및 표면 가공 작업을 하기가 쉽다. 이 때문에 진공관을 대체한 반도체도 진공의 도움을 받아 생산되고 있으며, 브라운관을 몰아낸 유기 발광 다이오드(OLED) 텔레비전을 만드는 데도 진공 기술이 활용된다.

반도체 웨이퍼(Wafer, 반도체의 재료가 되는 얇은 원판)와 OLED 패널에 박막을 입힐 때 사용하는 기술을 '진공 증착'이라 한다. 진공 증착이란 진공 상태에서 증착시키려는 금속이나 화합물 등을 가열하여 기체 상태로 만든 뒤, 그 증기를 물체 표면에 얇은 막으로 입히는 기술을 말한다. 이러한 진공 증착은 진공도가 높을수록 더욱 정밀한 작업이 가능하다.

그 밖에도 진공 상태는 우주 개발을 위한 작업에서도 많이 쓰이고 있다. 인공위성을 발사하기 위해서는 우주 공간과 같은 초고진공 상태를 모사하여 부품이 제대로 작동하는지 살펴봐야 한다. 진공 상태가 되면 인공위성 표면의 기체 성분들이 빠져나가는데, 이는 성능 저하나 고장의 원인이 된다.

한편 미래에는 시속 1,000킬로미터라는 획기적인 속력으로 진공 튜브 속을 달리는 튜브 트레인을 타고 다닐지도 모른다. 이렇게 진공이 다양하게 활용되는 것을 알았다면, 아리스토텔레스는 "인간은 진공을 좋아한다"라고 말했을지도 모르겠다.

## ✚ 호흡과 기압

허파는 갈비뼈(늑골)와 가로막(횡격막)으로 둘러싸인 흉강 내부에 있다. 풍선처럼 한쪽이 막힌 주머니 모양의 허파는 흉강 내부의 부피가 변할 때 생기는 압력 차이로 공기를 들이마시고 내쉰다. 숨을 들이마실 때는 갈비뼈가 위로 올라가고 가로막이 아래로 내려오면서 흉강의 부피가 커져 대기압보다 폐 속의 기압이 낮아 공기가 들어온다. 내쉴 때는 갈비뼈는 내려가고 가로막은 올라가 흉강의 부피가 줄어들고 기압이 높아져 공기가 폐 밖으로 나간다. 흉강에 구멍이 생겨 공기가 들어가 흉강이 압력 차이를 만들어내지 못해 숨을 쉬기 어렵다. 이런 증세를 기흉이라고 한다.

## ✚ 진공과 음압 격리 병실

병실 내부의 기압을 외부보다 낮게 유지하여 병원체가 밖으로 빠져나가지 않도록 만든 것이 음압 격리 병실이다. 공기는 기압이 높은 곳에서 낮은 곳으로 이동하기 때문에 환자가 있는 병실 내부를 외부보다 3~4Pa(파스칼) 정도 낮춰 내부 공기가 문을 통해 나가지 않도록 한다. 내부의 기압을 낮추기 위해 빼낸 공기는 필터를 통해 외부로 배출하기 때문에 병원균이 밖으로 새어나갈 가능성이 낮다. 2015년 메르스 사태와 2020년 코로나19 사태에서 음압 격리 병실의 중요성이 제기되었다.

### 더 읽어봅시다

일본 뉴턴프레스의 『진공과 인플레이션 우주론』
세드리크 레이 · 장클로드 푸아자의 『일상 속의 물리학』

# 사회를 바꾼
# 결정적 순간,
# 사진

## · 카메라 옵스큐라에서 천체 사진까지 ·

헬리오그래피, 다게레오타입, X선, 회절, HD 항성 목록, 주기-광도 관계

베트남 전쟁이 한창이던 1968년, 손이 뒤로 묶인 포로가 자신의 머리를
향한 권총을 보고 심하게 얼굴이 일그러졌다. 잠시 후 총이 발사되었고,
때마침 근처에 있던 AP 통신의 기자 에디 애덤스가 카메라 셔터를 눌렀
다. 이 사진이 〈사이공의 즉결 처형(Saigon Execution)〉이다. 그 사진을 찍기
70여 년 전, 뢴트겐은 정체 모를 광선을 이용해 아내의 반지 낀 손을 촬영
했다. 역사상 처음으로 사람의 뼈가 사진으로 찍히는 순간이었다. 이렇듯
사진은 탄생된 순간부터 미술과 사회 그리고 과학 분야에서 끊임없이 변
화를 일으키는 역할을 해왔다.

## 사진과 새로운 문화의 탄생

'포토그래피(Photography, 사진)'는 그리스어로 빛을 뜻하는 'phōs'와 그림
을 의미하는 'graphé'가 합쳐진 말로 '빛으로 그린 그림'이란 뜻이다. 어
원에서 알 수 있는 것처럼 사진은 광학과 화학의 결합으로 탄생했다. 사

사화를 바꾼 결정적 순간, 사진

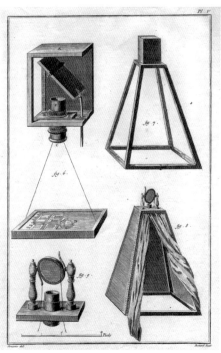

이슬람 과학자 알하젠는 『광학의 서』라는 책에서 카메라 옵스큐라의 원리를 소개했다.

진을 찍기 위해 필요한 광학적 기술인 사진기의 원리는 이미 1,000여 년 전 이슬람 과학자 알하젠(Alhazen)●에 의해 알려졌다.

● 알하젠 광학 이론에 공헌한 아라비아의 수학자 · 물리학자로, 본명은 '아부 알리 알하산 이븐 알하이삼'이다. 과학사에서는 '알하젠'이라는 라틴어식 이름으로 널리 알려져 있다.

그는 『광학의 서』라는 책에서 카메라 옵스큐라(camera obscura, '어두운 방'이라는 뜻)의 원리를 소개했다. 직진하는 빛이 조그만 구멍을 통과하면서 스크린에 거꾸로 된 상을 맺게 한다는 게 그의 설명이다. 알하젠은 좁은 구멍을 통해 들어온 빛으로 스크린에 상을 맺게 하는 이른바 바늘구멍 사진기(핀홀 카메라)의 원리를 알아낸 것이다. 사실 알하젠 이전에 중국의 묵자(墨子)가 바늘구멍 사진기의 원리를 먼저 서술하기는 했다. 하지만 알하젠의 책이 중세 서양에 전해지면서, 그의 이론은 오늘날 사진의 탄생에 많은 영향을 주었다. 카메라 옵스큐라는 바늘구멍 사진기와 원리는 같았지만, 크기는 훨씬 컸다.

15세기 르네상스 때에는 카메라 옵스큐라 속에 들어가 스크린에 생긴 상을 본떠서 그림을 그리는 것이 화가들 사이에서 유행했다. 화가들은 사물을 더욱 사실적으로 묘사하기 위해 이러한 방법을 사용했다. 오늘날의 카메라도 카메라 옵스큐라와 원리는 동일하다. 단지 더 선명한 상을 얻기 위해 렌즈를 사용한다는 점이 다를 뿐이다. 바늘구멍 사진기는 구멍이 너무 작아서 통과하는 빛의 양이 적어 상이 어둡다. 하지만 상을 밝게 하려고 구멍을 크게 만들면 상이 흐려진다. 그래서 카메라는 볼록렌즈로 빛을 굴절시켜 밝고 선명한 상을 맺도록 한다. 물론 볼록렌즈 한 개만 사용할 경우 색수차●가 나타나기 때문에 여러 개의 렌즈를 조합해 사

● 색수차 렌즈에 의하여 물체의 상이 만들어질 때, 파장색에 따라 굴절률이 달라 색이 번져 보이는 현상. 광학 기계에서는 두 가지 다른 렌즈를 써서 이것을 보정한다.

독일 해부학자 슐체

웨지우드는 질산은에 적신 종이와 흰색 가죽을 이용해 음화(陰畵)를 만들어냈다.

● 음화 좌우, 흑백, 명암이 촬영 당시의 피사체와 반대로 되어 있는 화상 또는 필름.

용하는 경우가 많다.

이와 같이 사진을 찍을 수 있는 광학적 원리는 오래전에 발견되었지만, 문제는 이것을 시간의 변화에도 영향받지 않도록 그대로 종이 위에 남기는 화학적인 방법을 찾는 것이었다. 화가들은 물감을 이용해 자신의 눈에 맺힌 상을 그대로 화폭에 옮겼다. 하지만 사진의 경우에는 광화학적인 방법을 통해 빛의 흔적을 남겼다.

광화학적 원리로 기록을 할 수 있다는 사실을 발견한 사람은 독일 해부학자 슐체(Johann Heinrich Schulze)였다. 1717년, 그는 탄산칼슘을 녹인 질산은 속 화합물이 빛에 반응한다는 사실을 알아냈다. 슐체의 실험을 이용해 사진을 찍으려 했던 사람은 웨지우드(Thomas Wedgwood)였다. 웨지우드는 질산은에 적신 종이와 흰색 가죽을 이용해 음화(陰畵)●를 만들어냈다.

## 사진, 결정적 순간을 담아내다

웨지우드는 사진을 만드는 광학적 원리와 상을 고정시키는 화학적 방법을 결합해 음화를 만들어냈지만 큰 문제가 있었다. 그가 만든 음화는 시간이 지나면 검게 변해버렸던 것이다. 즉 그는 상을 남기는 데는 성공했지만, 영원히 고정시키는 데는 실패했다.

이 문제를 해결하고 상을 고정시키는 데 성공한 사람은 프랑스 발명가 니엡스(Joseph N. Niépce)였다. 1826년 니엡스는 자신의 연구실 2층에서 역청(아스팔트)을 사용해 최초의 사진을 찍는 데 성공한다. 무려 8시간이나 노출●시켜 얻은 희미한 건물 지붕 사진이었다. 니엡스는 자신의 사진을 '태양광선으로 그리는 그림'이라는 뜻을 가진 헬리오그래피(heliography)라고 불렀다.

1829년 니엡스는 사진에 관심이 많았던 화가 다게르

● **노출** 사진기에서 렌즈로 들어오는 빛을 셔터가 열려 있는 시간만큼 필름 등에 비추는 일.

1826년 니엡스는 자신의 연구실 2층에서 역청(아스팔트)을 사용해 최초의 사진을 찍는 데 성공한다.

사화를 바꾼 결정적 순간, 사진

(Louis J. M. Daguerre)와 만났고 그의 제안으로 10년간의 공동 연구를 위한 계약을 체결하고 동업을 시작했다. 4년 만에 니엡스는 세상을 떠났지만, 다게르는 공동 연구를 기초로 더욱 섬세한 사진을 찍을 수 있었다. 그리하여 니엡스가 발명한 헬리오그래피를 발전시켜, 1837년 다게레오타입(daguerreotype)이라는 독자적인 사진 현상 방법을 발명했다.

1839년, 다게르는 다게레오타입의 발명 특허를 프랑스 정부에 팔았고, 이를 매입한 정부는 누구나 사용할 수 있게 했다. 다게르의 사진을 본 예술가들의 반응은 다양했다. 화가들 중에는 '이제 그림은 죽었다'고 표현할 만큼 충격을 받은 이도 있었지만, 에드거 앨런 포(Edgar Allen Poe)처럼 찬사를 보낸 이도 있었다.

루이 다게르

재미있는 사실은 초기의 사진사들 중에는 화가가 적지 않았고, 특히 기술자들과 공동 작업하는 경우도 많았다는 점이다. 그 당시 사진을 찍기 위해서는 작은 실험실이라고 할 만큼 많은 화학 약품과 장비가 필요했다. 그만큼 사진 촬영은 복잡하고 성가신 작업이었다.

조지 이스트먼

19세기 후반이 되자 많은 아마추어 사진사들이 등장했다. 미국의 조지 이스트먼(George Eastman)도 그중 한 명이었다. 사업

수완이 뛰어났던 이스트먼은 사진 회사를 세워 롤필름이 들어 있는 코
닥(Kodak) 사진기를 출시했다. "버튼만 누르세요. 나머지는 우리가 알아
서 합니다"라는 광고처럼, 코닥 카메라는 누구나 손쉽게 촬영할 수 있도
록 해 사진을 대중화시켰다.

이처럼 사진은 탄생하는 순간부터 그림을 변화시킬 새로운 예술 분야
로 주목받았다. 결정적 순간을 잡아낸 사진은 역사의 전환점을 만드는
도화선이 되기도 했다. 크림전쟁(1853~1856) 때 영국 정부의 공식 사진
가로 활약했던 팬턴(Roger Fenton)은 커다란 사진 마차를 끌고 다니며 전

크림전쟁 때 영국 정부의 공식 사진가로 활약했던 팬턴은 커다란 사진 마차를 끌고 다니며 전쟁의 기록을
남겼다.

사회를 바꾼 결정적 순간, 사진

쟁의 기록을 남겼다. 사진가들은 남북전쟁과 제1·2차 세계대전의 전장을 누비며 살아 있는 역사를 카메라에 담았다.

　누구나 카메라를 들고 야외로 나갈 수 있게 되자, 현장의 순간을 그대로 담는 다양한 보도사진이 등장했다. 브레송(Henri Cartier-Bresson)과 카파(Robert Capa) 등의 사진가들이 모여 1947년에 창립한 보도사진 작가 그룹 '매그넘 포토스(Magnum Photos)'는 보도사진도 예술이 될 수 있다는 것을 보여주었다. 브레송은 일상생활에서 '결정적 순간'을 포착한 리얼리티 사진의 거장이었다. 그리고 반전주의자로 알려진 카파는 스페인 내전●부터 인도차이나 전쟁●까지 참혹한 전장의 모습을 사진으로 생생하게 기록했다.

　"만약 당신의 사진이 만족스럽지 않다면 그것은 너무 멀리서 찍었기 때문이다"라는 말을 남긴 카파는 자신의 말처럼 포탄이 떨어지고 피가 튀는 현장에서 사진을 찍었다. 결국 안타깝게도 인도차이나 전쟁에서 지뢰를 밟고 사망했다. 이렇듯 역사의 현장을 생생히 담아낸 작가들의 사진은 뛰어난 글 못지않게 사람들의 마음에 큰 울림을 주었다.

● 스페인 내전 1936년 2월에 사회주의자들이 연합하여 정치적 실권을 장악하자(제2공화국), 이에 반발해 같은 해 7월 군부를 주축으로 하는 파시즘 진영이 반란을 일으켜 일어난 내전.

● 인도차이나 전쟁 제2차 세계대전 이후 식민지이던 인도차이나 3국(베트남·라오스·캄보디아)이 독립을 꾀하자, 프랑스가 이들을 다시 지배하기 위해 일으킨 전쟁(1946~1954).

## 눈으로 볼 수 없는 것을 찍다

사진은 예술과 보도사진에만 활용된 것이 아니다. 오늘날 사진은 과학 연구에서도 없어서는 안 될 중요한 도구로 자리 잡았다. 이는 사진이 눈에 보이는 것뿐 아니라 보이지 않거나 미처 인식하지 못한 부분까지 잡아내기 때문이다. 우리가 일상에서 찍는 사진은 전자기파의 영역 중 극히 일부에 해당하는 가시광선만 이용한다. 하지만 사진은 눈으로 볼 수 없는 다양한 대역의 전자기파도 잡아낼 수 있다.

1895년, 독일의 물리학자 뢴트겐은 음극선을 발생시키는 크룩스관(진공 방전관)으로 실험하는 도중, 두꺼운 검은 마분지로 싼 크룩스관 근처에 있는 사진 건판●이 감광(빛을 받아 화학적 반응을 일으킴)되었음을 발견했다. 빛이 전혀 통과할 수 없는 검은 종이를 뚫고, 크룩스관에서 정체 모를 광선이 나오고 있었던 것이다.

● **건판** 사진에 쓰는 감광판의 하나. 유리나 셀룰로이드 같은 투명한 것에 감광액을 바른 뒤 암실에서 말려 만들고, 빛에 노출되지 않도록 보관한다.

그는 이 광선이 나무와 섬유 등은 통과하지만 금속 같은 딱딱한 물질은 통과하지 못한다는 사실을 알아내고, 아내를 설득해 반지 낀 손을 촬영했다. 이로써 역사상 처음으로 살아 있는 사람의 뼈가 사진으로 찍히게 되었다.

뢴트겐은 이 정체불명의 광선에 미지의 광선이라는 의미로 X선(X-ray)이라는 이름을 붙였다. 그 후 X선의 성질을 연구해 논문으로 발표했는데, 세계 최초의 X선 사진은 사람들의 엄청난 관심을 끌었다. X선 사진은 인체를 해부하지 않고도 그 속을 들여다볼 수 있게 하는 놀라운 능력을 가지고 있었다.

이처럼 X선이 인체 내부 모습을 보여줄 수 있는 이유는 파장이 짧아 투과력이 뛰어나기 때문이다. 즉 X선은 밀도가 큰 뼈나 반지는 투과하지 못해 사진에 검게 나오지만, 나머지 연한 조직은 그대로 통과해 사진

건판을 감광시킨다. 한편 X선이 자외선보다 파장이 짧은 전자기파라는 것은 나중에 밝혀졌다.

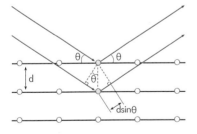

영국 물리학자 윌리엄 브래그와 로런스 브래그 부자는 평면에서 X선 회절을 연구했다. 이를 통해 X선 회절 현상을 수학적으로 표현한 브래그 법칙을 제시하였다.

X선의 활용은 의학용으로 끝나지 않았다. 1812년 독일 물리학자 라우에(Max T. F. von Laue)는 황산구리 결정에 X선을 투과시켜 '라우에 반점'이라 불리는 회절* 무늬 사진을 얻어냈다. 사진의 반점은 X선이 물질 내부의 결정격자*를 통과하면서 생긴 회절 현상에 의한 것으로, 이는 X선이 파동의 성질을 지니고 있다는 사실을 증명하는 중요한 증거였다.

라우에가 3차원의 결정에서 회절 무늬를 얻는 데 성공하자, 영국 물리학자 윌리엄 브래그(William Henry Bragg)와 로런스 브래그(William Lawrence Bragg) 부자는 평면에서 X선 회절을 연구했다. 이를 통해 X선 회절 현상을 수학적으로 표현한 브래그 법칙(Bragg's law)을 제시하였다. 라우에와 브래그 부자는 X선 결정학이라는 새로운 학문의 탄생에 기여한 공로로 노벨 물리학상을 수상했다.

X선 회절 무늬를 이용해 물질의 결정 구

조를 알 수 있게 되자 물질에 대한 많은 궁금증이 풀리기 시작했다. 특히 X선 회절 분석법은 분자생물학의 탄생에 결정적 역할을 했다.

1953년 과학 저널《네이처》에는 단 1페이지밖에 안 되는 짧은 분량의 논문이 실렸다. 이 논문은 20세기 생물학 최대의 발견으로 일컬어지는 'DNA의 이중나선구조'에 대한 것으로, 저자는 미국의 제임스 왓슨(James D. Watson)과 영국의 프

● **회절(에돌이)** 음파나 전파와 같은 파동이 장애물을 만났을 때, 파동이 장애물 뒤쪽까지 에돌아 진행하는 현상.

● **결정격자** 놀이터의 정글 짐처럼 결정을 구성하는 원자들의 규칙적이고 주기적으로 배열해 있는 형태.

제임스 왓슨과 프랜시스 크릭은 1962년 DNA의 이중나선구조를 밝힌 공로로 노벨 생리학상을 수상했다.

사회를 바꾼 결정적 순간, 사진

랜시스 크릭(Francis H. C. Crick)이었다. 1962년 왓슨과 크릭은 DNA의 이중나선구조를 밝힌 공로로 노벨 생리학상을 수상했다.

사실 그들의 발견은 로절린드 프랭클린(Rosalind E. Franklin)이 찍은 DNA의 X선 회절 사진 덕분에 가능했다. 그런데 정작 사진을 찍은 프랭클린은 노벨상을 받지 못했다. 노벨상이 수여될 당시 이미 프랭클린은 난소암으로 사망했지만[*] 살아 있을 때도 여성 과학자라는 이유로 공로가 철저히 가려져 있었다. 만일 그들이 프랭클린의 사진을 보지 못했다면 노벨상 수상자가 달라졌을지도 모른다.

● 노벨상은 사람의 경우 살아 있는 이에게만 수여한다.

## 천문학 발달을 이끈 사진

사진이 결정적인 역할을 하는 과학 분야 중에는 천문학이 있다. 천문학에서는 사진이 망원경 못지않게 중요하다. 그것은 인간의 눈이 가진 한계 때문이다. 눈으로는 어두운 천체를 아무리 오래 관측해도 결코 볼 수 없다. 매우 어두운 천체는 눈을 아무리 오래 뜨고 있어도 보이지 않는다. 이와 달리 하지만 카메라의 경우에는 노출 시간을 길게 하면 어두운 천체도 사진으로 찍을 수 있다. 노출 시간이 증가하면 그만큼 필름에 많은 빛이 도달하기 때문이다.

사진은 객관적인 자료로 활용할 수 있다는 장점을 지니고 있다. 시간의 흐름에 따른 천체의 움직임을 비교하기 좋다. 별은 지구에서 너무 멀리 떨어져 있어 눈으로 움직임을 관측할 수 없다. 별을 항성(恒星)이라고 하는 이유도 언제나 위치가 변하지 않고 항상 그 자리에 있는 듯 보이

1882년 드레이퍼가 촬영한 오리온 성운. 드레이퍼가 1880년 촬영한 오리온 성운 사진은 세계 최초의 성운 사진이다.

기 때문이다. 천구상에서 가장 빠르게 움직이는 별인 바너드별(Barnard's Star)조차도 1년에 10.3″(초)밖에 움직이지 않는다. 그래서 별의 고유 운동을 확인하기 위해서는 시간 간격을 두고 별 사진을 촬영한 후 상대 위치를 비교하는 방법을 이용한다.

천문학에 사진이 활용되기 시작한 것은 1872년 미국 의사이자 천문학자인 드레이퍼(Henry Draper)가 직녀성의 스펙트럼 사진을 찍는 데 성공하면서 부터이다. 이후 사진은 천문학에서 필수로 받아들여져 그 사용이 꾸준히 증가했다. 드레이퍼가 죽자 부인은 남편의 뜻을 기리기 위해 하버드대학에 많은 돈을 기부한다. 이 돈으로 천문학 교수 피커링(Edward Charles Pickering)은 우주에 있는 40만 개 별의 스펙트럼을 분류하는 원대한 계획을 세웠다.

처음에 그는 수많은 사진 건판을 조사할 계측원으로 남성들을 고용

사화를 바꾼 결정적 순간, 사진

● 하렘 이슬람 국가에서 부인들이 거처하는 방.

하버드 컴퓨터스에는 캐넌(왼쪽)이나 리비트 같은 천문학자도 있었다.

했다. 하지만 얼마 지나지 않아 꼼꼼하고 시급이 낮은 여성 조사원을 고용하는 것이 더 효율적이라는 사실을 깨달았다. 일부 남성들은 이들 여성 조사원을 비하하는 의미에서 '피커링의 하렘●(Pickering's Harem)'이라 부르기도 했다 [지금은 그들의 공로를 인정해 '하버드 컴퓨터스(Harvard Computers)'라고 부른다].

이들 중에는 비전문가도 있었지만 캐넌(Annie Jump Cannon)이나 리비트(Henrietta Swan Leavit) 같은 뛰어난 천문학자도 있었다. 캐넌은 40만 개나 되는 별의 분광형을 분류하여 '헨리 드레이퍼 항성 목록(HD 항성 목록)'을 작성했다.

처음에는 스펙트럼이 복잡한 순서대로 알파벳을 붙이다가, 그중에서 특징적인 것만 골라서 별의 분광 분류법을 만든 사람이 바로 캐넌이다.

그 뒤 캐넌은 분광형이 온도에 따라 결정된다는 것을 알아내고, 별들의 스펙트럼형을 온도가 높은 것부터 순서대로 'O, B, A, F, G, K, M' 7개로 재분류하였다. 당시 캐넌보다 더 정확하고 빠르게 별의 분광형을 분류할 수 있는 사람은 없었지만, 여성에 대한 편견으로 인해 1938년까지 그녀는 천문학자로 임명되지 않았다.

● 세페이드 변광성 세페우스 자리를 대표로 하는 맥동 변광성. 세페이드 변광성의 주기-광도 관계는 맥동 변광성의 연구뿐 아니라 은하의 구조를 연구하는 데 많은 도움을 주었다.

한편 리비트는 소마젤란은하에서 세페이드 변광성●을 연구하여 '주기-광도 관계'를 발견했다. 이 관계를 이용해 연주 시차°를 이용할 수 없는 멀리 떨어진 별까지의 거리를 구할 수 있게 되었다. 특히 리비트의 발견은 허블(Edwin Powell Hubble)이 외부 은하의 거리를 구해 우주의 크기를 알아내는 데 쓰였다. 결국 현대 우주론의 가장 혁명적 개념인 '우주가 팽창한다'는 사실을 이끌어내는 데 리비트가 누구보다 크고 중요한 역할을 했다.

● 연주 시차 어떤 천체를 지구에서 본 방향과 태양에서 동시에 본 방향의 차이로 각도로 값을 나타낸다. 연주 시차와 거리는 반비례하므로 이것으로 천체의 거리를 측정한다. 하지만 거리가 먼 천체는 연주 시차가 너무 작아 측정할 수 없다.

사화를 바꾼 결정적 순간, 사진

### ✚ 고급 카메라의 렌즈

스마트폰의 카메라가 디지털카메라를 위협할 정도라고 하지만 여전히 전문적인 사진사들은 큰 렌즈를 가진 디지털 일안 반사식 카메라(DSLR, Digital Single Lens Reflex)를 선호한다. 사실 카메라 렌즈의 역할은 단순하다. 단지 빛을 모으는 역할을 할 뿐이다. 단순히 볼록렌즈로 빛을 모으면 끝날 것 같지만 빛이 다양한 파장으로 구성되어 있어 쉽지 않다. 볼록렌즈를 통과한 빛이 한 점에 모이지 않고 번지는 현상을 색수차라고 한다. 대부분의 고급 카메라에서는 색수차를 막기 위해 다양한 렌즈를 결합해 복합렌즈를 사용한다.

### ✚ 초점과 아웃포커스

사진을 찍을 때 인물을 강조하기 위해 배경을 흐릿하게 만드는 것을 아웃포커스(out of focus)라고 한다. 아웃포커스가 되었을 때를 심도(depth of field)가 얕다고 표현한다. 심도는 초점이 잡히는 범위를 말하는데, 심도가 얕으면 인물에만 초점이 맞고 주변은 초점이 맞지 않아 흐릿하게 보인다. 큰 렌즈로 빛을 모으면 초점이 잡히는 범위가 짧아 심도가 얕고, 작은 렌즈일 경우에는 심도가 깊어진다. 동일한 렌즈일 때는 조리개를 닫으면 렌즈가 작아지는 효과가 있어 심도가 깊어진다.

**더 읽어봅시다**

로버트 카파의 『그때 카파의 손은 떨리고 있었다』
브렌다 매독스의 『로잘린드 프랭클린과 DNA』

# 냉장고야
# 부탁해

## · 냉장고에서 에어컨까지 ·

단열, 열기관, 열펌프, 증발, 상태변화, 잠열, 상대습도, 냉매

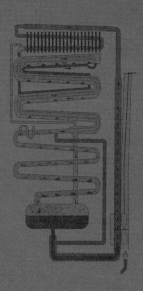

출연자의 집에 있는 냉장고를 스튜디오로 가져와 그 속에 있는 재료를 이용해 셰프들이 멋진 요리로 탄생시키는 <냉장고를 부탁해>라는 예능프로그램이 한동안 많은 인기를 끌었다. 가정용 냉장고는 등장한 지 100년도 되지 않지만 이미 없어서는 안 될 필수품으로 자리 잡았다. 마찬가지로 에어컨은 두바이 같은 사막이나 열대지방에도 도시가 건설되고 휴양지가 들어설 수 있게 하였다.

## 금고 속의 얼음

영화 <겨울왕국(Frozen)>에서 엘사는 자신의 얼음마법으로 인해 사람들이 피해를 입지 않도록 홀로 얼음궁전을 짓고 살아간다. 영화 속에서는 얼음마법이나 얼음 광선총이 막강한 위력을 지니고 있지만 현실에서는 화력(火力)이라는 말에서 알 수 있듯이 힘의 원천은 불이다.

화력은 단순히 '화포의 능력'만 뜻하지 않는다. 인간은 불이 있어서 포식자와 추위로부터 자신을 지킬 수 있었고 이는 문명의 출발을 알리는 것이었다. 불에서 제2의 불인 전기를 지나 제3의 불인 원자력에 이르기까지 인류의 역사는 곧 불의 역사였다.

불과 달리 냉기(차가움)는 누구도 거들떠보지 않는 초라한 존재였다. 사실 과학적으로 따져보면 냉기는 열에너지를 적게 가진 상태일 뿐이다. 아이러니하게도 냉기가 존재하지 않는다는 것을 이해하게 되면서 인류는 냉기를 이용해 생활을 더욱 편리하게 만들 수 있었다.

물질을 연소시키면 손쉽게 얻을 수 있는 불과 달리 얼음은 만들기 어려웠다. 그리고 불에 비해 쓰임새도 적었다. 얼음은 더운 여름에 음식을 시원하게 해주거나 체온 상승을 막아 안락함을 주는 정도였다. 그래서 여름에 얼음을 맛볼 수 있는 사람은 왕을 비롯한 권력자들로 제한되었다. 사람들은 금지된 냉기를 끊임없이 갈망했다.

얼음이 저장된 서빙고(西氷庫)를 터는 도둑이 등장하는 황당한 설정의 우리 영화 〈바람과 함께 사라지다(The Grand Heist)〉. 조선시대에는 석빙고에 둘 얼음을 채취하기 위해 제사를 지낼 만큼 얼음을 소중히 여겼다는 것을 소재로 한 것이다. 서울 용산구 서빙고동은 조선 최대의 얼음 저장고인 서빙고가 있던 자리다. 서빙고의 얼음은 양력 1월에 한강이 두껍게 얼면 얼음을 잘라서 보관해두었다가 필요할 때 꺼내 썼다. 한양에는 서빙고 외에 동빙고가 있었고, 궁궐 안에는 내빙고가 있었다. 소중한 전통과학 유물인 경주 석빙고(보물 제66호)는 위치 때문에 신라 시대의 것으로 오해받기도 하지만 조선 영조 14년에 축조한 것이다.

석빙고에서 겨울에 잘라둔 얼음을 여름이 지날 때까지 보관할 수 있었

던 것은 열의 출입을 막는 단열이 잘 되도록 만들었기 때문이다. 석빙고는 두꺼운 흙과 화강암을 이용해 고분 형태로 만들었다. 지붕에는 잔디를 깔았고, 내부에는 볏짚을 깔고 얼음을 넣었는데, 볏짚과 얼음의 양을 잘 조절하여 여름을 날 때까지 보관했다. 또한 굴뚝이 있어 내부에서 데워진 공기를 빼는 역할을 했다. 이렇게 석빙고는 외부 열을 최대한 막을 수 있는 단열구조를 이루어 한여름에도 얼음이 녹지 않고 버틸 수 있었다.

## 열을 빼내는 냉장고

얼음을 빙고에 보관하는 방법이 우리나라에만 있었던 것은 아니다. 이미 기원전 3000년경부터 메소포타미아 지방에서는 얼음을 보관해 사용했다. 19세기에 제빙기가 등장하기 전까지 얼음은 겨울에 채취하여 보관한 후 여름에 사용하는 것이 가장 일반적인 방법이었다.

냉장고 탄생의 출발점은 증기기관이다. 냉장고와 증기기관을 만들려면 열의 특성에 대한 이해가 필요했기 때문이다. 하지만 놀랍게도 기술자들은 열의 정체도 모른 채 증기기관을 만드는 데 성공했다. 그래서 증기기관은 기술이 과학을 이끈 사례 중 하나로 거론된다. 기술자들이 열의 정체도 모른 채 만든 증기기관은 열기관(Heat Engine)이다. 열기관은 고온에서 저온으로 흐르는 열에너지 중 일부를 일로 전환하는 장치이다. 이와 반대로 열펌프(Heat Pump)는 외부에서 일을 해줘서 열을 저온에서 고온으로 이동시켜준다. 펌프로 낮은 곳에 있는 물을 높은 곳으로 퍼 올리기 위해 일을 해야 하듯 열펌프를 작동시키기 위해서는 에너지가 필요했다.

이 원리를 잘 생각해보면, 자동차 히터를 켜는 데는 별도의 에너지가 필요하지 않지만 에어컨을 켜면 연비가 낮아지는 이유를 알 수 있다. 원리는 간단하지만 물을 펌프로 퍼올리는 것과 달리 눈에 보이지 않는 열을 이동시키기는 쉽지 않았다. 흥미롭게도 열펌프를 만들 수 있는 방법은 진공펌프 실험에서 알게 되었다.

1768년 영국의 화가 조지프 라이트가 그린 〈진공펌프 속의 새 실험〉은 당시에 유행하던 진공펌프 속에 새를 넣고 공기를 빼는 장면을 보여준다. 아직 산소의 정체가 밝혀지지 않아서 공기가 없으면 새가 죽는 것이 마술처럼 신비롭게 묘사되어 있다. 하지만 1659년 영국의 물리학자 보일은 이 실험에서 더 놀라운 사실을 발견했다. 죽은 새의 몸이 거의 얼어 있었던 것이다. 즉 보일이 발견한 것은 펌프를 이용해 공기를 팽창시키면 온도가 내려간다는 것이었다.

기체를 팽창시키면 온도가 내려가고, 압축시키면 온도는 올라간다.

1768년 영국의 화가 조지프 라이트가 그린 〈진공펌프 속의 새 실험〉은 빛과 어둠을 대비시켜 과학 실험 장면을 극적으로 묘사하고 있다.

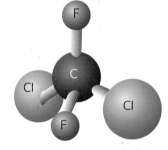

미드글리가 개발한 프레온가스.

휴대용 부탄가스통에서 가스가 빠져나가면 통의 온도가 내려가는 것도 같은 현상이다. 물론 냉장고는 이것만 가지고 만들 수 없다. 여름에 물을 뿌리면 시원해지는 것처럼 상태변화도 이용한다. 물체는 상태가 변화할 때 열의 출입이 발생한다. 물이 증발해 수증기가 되는 상태변화가 일어나기 위해서는 주변에서 열을 흡수해야 한다. 알코올을 손등에 묻히면 시원하게 느끼는 것도 같은 이유이다.

이렇게 상태변화에 사용되는 열을 잠열이라 하며, 냉장고는 잠열을 이용해 열을 밖으로 빼내는 장치이다. 액체 상태의 냉매가 증발기에서 증발하면서 잠열을 흡수하고 냉장고 안은 온도가 내려간다. 열을 흡수하여 기체 상태가 된 냉매를 압축기에서 고온고압 상태로 압축하여 만든 후 응축기에서 열을 방출시키면 다시 액체 상태로 된다. 이때 냉장고 밖으로 열이 방출되기 때문에 냉장고 뒷면이 따뜻하게 느껴지는 것이다.

냉장고 내부를 순환하면서 열을 이동시키는 물질을 냉매라고 하는데, 처음 냉장고가 만들어졌을 때는 부식성이 있는 암모니아나 아황산가스를 사용했다. 독성이 강해 가정용으로는 위험했다. 그래서 1928년 미국의 미드글리(Thomas Midgley)가 개발한 프레온(Chlorofluorocarbon, CFC)

가스가 냉장고 냉매로 사용되면서 가정용 냉장고가 널리 보급될 수 있었다. 하지만 프레온에 독성은 없지만 오존층을 파괴한다는 것이 알려지면서 지금은 사용하지 않는다.

## 냉장고를 부탁해?

17세기 영국 철학자 베이컨은 냉장식품 보관법을 연구했다. 안타깝게도 닭에 얼음을 채우는 실험을 하던 도중 감기에 걸려 사망했다. 이처럼 냉장고가 등장하기 전에도 냉장을 통해 음식물을 장시간 보관하려는 노력이 꾸준히 있어왔다. 그리고 1834년 퍼킨스(Jacob Perkins)가 기계식 냉장고 특허를 냈을 당시에도 많은 가정에서 아이스박스를 이용해 음식물을 보관했다. 음식의 온도를 내리면 화학 반응 속도가 느려지고 그만큼

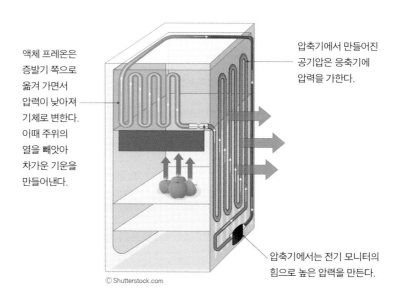

액체 프레온은 증발기 쪽으로 옮겨 가면서 압력이 낮아져 기체로 변한다. 이때 주위의 열을 빼앗아 차가운 기운을 만들어낸다.

압축기에서 만들어진 공기압은 응축기에 압력을 가한다.

압축기에서는 전기 모니터의 힘으로 높은 압력을 만든다.

© Shutterstock.com

세균의 증식이 억제되는 원리였다. 하지만 냉장고가 발명되었다고 식품 저장에 대한 문제가 모두 해결된 것은 아니었다.

'처치곤란 천덕꾸러기 냉장고의 신분 상승 프로젝트'라는 콘셉트로 냉장고 속 재료를 요리해주는 〈냉장고를 부탁해(2014~2019)〉라는 프로그램이 한때 인기를 끌었다. 출연자의 냉장고를 보면 유통기한을 넘긴 것도 모자라 곰팡이가 핀 음식이나 식재료도 발견된다. 음식에 곰팡이가 피는 것은 화학 반응 속도가 느려졌을 뿐 완전히 멈춘 것은 아니기 때문이다. 냉장고를 제대로 관리하지 않으면 곰팡이나 세균이 번식하여 식중독을 유발하기도 한다.

장염 비브리오균이나 리스테리아균은 냉장고 작동 온도인 5℃에서도 번식한다. 그래서 냉장고에 보관했던 채소나 과일도 다시 한 번 씻는 것이 안전하다. 안전하게 보관하는 냉장고의 본래 기능이 무색해진 것은 너무 오래 보관하기 때문이다.

〈냉장고를 부탁해〉 출연자의 냉장고는 대부분 대형이며 일반 가정도 다르지 않다. 우리나라는 대형 냉장고 비율이 높기로 유명한데, 이는 냉장고를 냉창고로 사용하고 있기 때문이다.

냉장고는 식품의 안전한 수송과 보관을 위해 등장했다. 지금도 신선한 식재료를 안전하게 보급하는 일반적 방법이 저온유통이다. 최근에는 CA(controlled atmosphere)냉장 저장 기술을 이용해 과채류의 저장 기간을 늘리고 있다. 단순히 온도만 낮추는 것이 아니라 산소 농도는 낮추고 이산화탄소 농도는 높여 과채류의 호흡을 억제해 보관기간을 늘이는 것이 CA냉장이다.

생산지와 소비자가 멀리 떨어져 있는 오늘날에 식품 안전과 낭비 억제를 위해서라도 신선 보관 기술은 필요하다. 하지만 원래 취지와 달리 냉창고로 이용되면서 많은 식재료가 쓰레기로 전락하고 있으며, 그 과정에서 막대한 전기 에너지가 낭비되고 있다. 커진 냉장고만큼 보관하는 양이 많아지다 보니 창고가 되어버린 것이다.

시간적 여유가 적은 맞벌이 부부가 증가하자 한꺼번에 구입할 수 있는 대형마트가 등장했고, 냉장고 크기도 증가했다. 더 많은 재료를 사용할 수 있다는 기대감은 냉장고에 대한 의존도를 키우고 고스란히 낭비로 이어지기도 한다. 한쪽에서는 전통시장 살리기 운동을 벌이기도 하지만 거대한 냉장고 속에 들어간 현대인의 삶은 그 편리함에 물들어 얼어버렸다.

## 에어컨 없이 살 수 없다?

에어컨도 냉장고와 마찬가지로 냉매를 이용해 열을 이동시키는 기계이다. 단지 열을 냉장고 밖이 아니라 건물 밖으로 빼내는 것만 다를 뿐이다. 재미있게도 에어컨을 발명한 사람은 미국 플로리다 주 애팔래치콜라에서 환자를 치료하던 고리(John Gorrie)라는 의사이다. 그는 말라리아 환자의 열을 내리기 위해 병실 천장에 얼음을 매달아 두었는데 뜻밖에도 효과가 있었다. 얼음이 녹으면서 병실 온도를 떨어뜨렸고, 환자가 말라리아를 이겨내는 데 도움이 되었던 것이다. 하지만 배로 운송하는 얼음을 제때 공급받기가 어려웠다. 이를 해결하기 위해 고리는 냉동장치

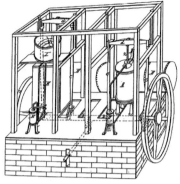

에어컨을 발명한 사람은 미국 플로리다 주 애팔래치콜라에서 환자를 치료하던 고리라는 의사이다.

를 연구했고 1851년에 얼음을 만드는 제빙장치를 발명한다. 하지만 안타깝게도 얼음 공급 업자의 방해로 사업에는 실패했다. 고리의 제빙장치는 일종의 냉동고였지만 실내 온도를 낮추기 위한 목적이 있었기에 그를 에어컨의 아버지라 부른다.

오늘날 우리가 사용하는 에어컨을 상용화시킨 사람은 미국의 엔지니어 캐리어(Willis Haviland Carrier)다. 1902년 캐리어는 뉴욕 브루클린의 인쇄소에서 습기에 의해 잉크가 번지는 문제를 해결하기 위해 에어컨을 발명했다. 캐리어는 1925년 맨해튼에 있는 파라마운트 영화사의 리볼리 극장에 에어컨을 설치해 그 효용성을 입증했다.

에어컨이 없었다면 여름 대작 영화 개봉은 어려웠을 것이다. 찜통 같은 극장에서 2시간 동안 영화를 볼 사람은 많지 않을 것이다. 또한 뜨거운 햇볕이 내리쬐는 곳에 세계적인 여름 휴양지가 만들어지고, 불모지나 다름없는 사막에 부르즈 칼리파가 건설될 수 있었던 것도 에어컨이 있었기에 가능하다.

미국의 엔지니어 캐리어

당연히 더운 날씨에 주로 사용하는 에어컨을 사람들은 냉방장치로 생각한다. 하지만 캐리어가 습도 문제를 해결하기 위해 에어컨을 발명했듯이 에어컨은 'air conditioner' 즉 공기조화기(空氣調和器)를 뜻한다. 단지 온도만 낮추는 것이 아니라 습도까지 조절하여 공기를 쾌적한 상태로 조절하는 장치가 에어컨이다.

이미 고대에도 냉방이나 난방, 가습과 환기 장치가 존재했다. 하지만 습도를 낮추는 장치는 캐리어가 처음으로 발명했다. 에어컨은 제습기능을 갖추고 있다. 실내 온도가 내려가면 상대습도가 높아져 수증기가 발생하는데, 에어컨은 이를 응결시켜 호스를 통해 밖으로 물을 빼낸다.

현대인은 냉장고와 에어컨에 많은 부분을 의존하며 살고 있다. 50여 년 만에 부의 상징에서 생활의 일부가 되었다. 현대 문명의 상징처럼 된 냉장고와 에어컨의 역사는 이미 고대부터 시작되었다. 기원전 2500년경에 그린 고대 이집트 벽화에는 항아리 표면에서 물이 빨리 기화되도록 부채질하는 모습이 남아 있다. 항아리 표면에서 물이 빨리 증발되

생활 속에서 터득한 지혜

## Pot-in-Pot cooler

아프리카의 가난한 지역에서는 전기에너지의 공급이 원활하지 않아서 냉장고가 없다. 그러나 생활 속에서 발견한 발명품인 'Pot-in-Pot cooler'로 음식을 보관할 수 있다.

Cloths
(젖은 헝겊 뚜껑)

Small jar
(작은 항아리)

Sand
(젖은 모래)

Food
(음식 저장)

Big jar
(큰 항아리)

더운 날씨로 인해 보통 3일 정도면 상했던 농산물이 이 천연 냉장고인 항아리 냉장고에서 21일까지 보관할 수 있다.

1990년대에 나이지리아의 아바가 항아리냉장고를 발명했다. 전기가 들어오지 않는 아프리카에서도 시원한 물과 식품을 보관할 수 있게 한 것이다.

어 항아리 내부가 시원해지도록 하는 것이다. 이 원리를 이용해 1990년대에 나이지리아의 아바(Mohamed Bah Abba)가 항아리냉장고(Pot-in-pot cooler)를 발명했다. 전기가 들어오지 않는 아프리카에서도 시원한 물과 식품을 보관할 수 있게 한 것이다.

항아리냉장고는 진흙으로 만든 항아리 속에 항아리를 넣고 그 사이에 젖은 모래를 채우는 간단한 구조로 되어 있다. 채소나 과일을 더 오래 보관할 수 있는 적정기술이기도 하다. 기계식 냉장고가 더 복잡하게 보일 뿐 열을 이동시킨다는 관점에서 보면 항아리냉장고와 원리는 같다.

첨단 기능과 편리함에 길들여진 현대인들은 필요한 음식을 넘어 낭비까지 담아두고 있지 않은지 진지하게 생각해볼 필요가 있다. 마찬가지로 인간을 살리기 위해 등장한 에어컨이 오히려 지구를 파괴하지 않도록 적절히 사용해야 할 것이다.

### ✚ 열역학 제1법칙

냉장고나 에어컨은 전기 에너지를 이용해 저온에서 고온으로 열을 이동시키는 열펌프 장치다. 열펌프는 외부에서 일(에너지)을 받아서 열을 이동시키는 장치다. 이와 반대로 자동차 엔진과 같은 열기관은 열을 이용해 외부에 일을 하는 장치이다. 열펌프와 열기관을 설명하는 데는 열역학 제1법칙이 적용된다. 열역학 제1법칙은 열에너지까지 포함한 에너지 보존법칙이다. 외부에서 공급된 열량을 $Q$, 내부 에너지 변화량을 $\Delta U$, 기체가 외부에 한 일을 $W$라고 하면 열역학 제1법칙은 $\Delta U = Q - W$로 나타낼 수 있다.

### ✚ 에어컨의 제습장치

실내습도가 높아지는 것을 막아 쾌적함을 느낄 수 있도록 해주는 것이 에어컨의 제습기능이다. 습도에는 상대습도와 절대습도가 있는데, 우리가 감각적으로 느끼는 것은 상대습도($상대습도(\%) = \dfrac{\text{현재 공기에 포함된 실제 수증기량}}{\text{현재 기온에서의 포화 수증기량}} \times 100$)이다. 일반적으로 습도라고 하면 바로 상대습도를 말한다. 포화 수증기량은 온도에 따라 달라지는데, 온도가 내려갈수록 적어진다. 그래서 에어컨을 작동시켜 온도가 내려가면 실내가 눅눅해질 수 있다. 하지만 에어컨은 공기 중의 수증기가 이슬점보다 낮은 온도에서 이슬 즉 물방울로 맺히는 것을 이용해 습도를 낮춘다. 에어컨의 증발기 표면은 이슬점보다 온도가 낮기 때문에 실내공기가 증발기를 통과할 때 물방울이 맺히게 만들어 실내의 수증기를 밖으로 빼내게 된다.

**더 읽어봅시다**

KBS〈과학카페〉냉장고 제작팀의『욕망하는 냉장고』
스티븐 존슨의『우리는 어떻게 여기까지 왔을까』

# 판도라의
# 원자력

## · 핵무기에서 핵융합 발전까지 ·

원자핵, 질량-에너지 등가공식, 핵분열, 핵융합, 방사선, 등가선량, 흡수선량

어느 날 미국 도심에 미래의 살인기계 터미네이터가 온다. 그리고 저항군의 지도자를 없애기 위해 도시를 들쑤시고 다닌다. 이것도 모자라서 공룡보다 거대한 괴수 고질라가 등장해 아예 도시를 쑥대밭으로 만든다. 이 두 영화에는 공통점이 있다. 비극을 초래한 원인이 핵무기와 관련 있다는 점이다. 이것을 단지 영화 속 상상으로만 치부할 수는 없다. 이미 인류는 핵폭탄과 방사능 유출에 의한 피해가 얼마나 무서운지 생생히 경험했다. 그러나 원자력은 완전히 포기할 수 없는 달콤한 매력을 지니고 있다. 과연 원자력은 미래를 빌려온 불행의 씨앗인가? 아니면 미래를 열어줄 제3의 불인가?

## 1941년 코펜하겐

1941년 덴마크 코펜하겐에서 두 사람의 물리학자가 만났다. 둘은 사제 지간이었지만 전쟁이 두 사람을 다른 세상 속으로 갈라놓았다. 한 사람은 유대인 어머니를 둔 피점령국의 과학자였고, 다른 한 사람은 독일의

1934년 코펜하겐 학회에서 정답게 이야기를 나누는 하이젠베르크(왼쪽)와 보어.

핵폭탄 개발 계획의 책임자였다. 바로 보어(Niels Henrik David Bohr)와 하이젠베르크(Werner Karl Heisenberg)다.

마이클 프레인(Michael Frayn)의 연극 〈코펜하겐(Copenhagen, 1998)〉은 하이젠베르크가 스승인 보어를 코펜하겐에서 만나 나눈 대화를 소재로 삼고 있다. 두 사람 모두 당시의 대화를 자세히 밝힌 적이 없어 어떤 이야기가 오갔는지 정확히 알 수는 없다. 단지 그들이 핵폭탄 개발과 관련된 이야기를 나누었으리라 짐작할 뿐이다.

코펜하겐은 당시에 물리학자의 성지와 같은 곳으로 양자역학이 활발히 논의되었던 곳이다. 이곳에서 보어의 강연을 들었던 하이젠베르크는 감명을 받았고 제자가 된다. 이후 독일로 간 하이젠베르크는 나치정부 하에서 핵폭탄 개발 계획의 책임자가 된다. 그리고 보어는 1943년 독일 경찰에 체포되기 전 영국으로 탈출하고 영국 핵개발 프로젝트 '튜브 앨

로이스(Tube Alloys)'에 참여한다.

한편 미국에도 독일의 핵폭탄 개발 이야기가 전해졌고, 헝가리 출신의 물리학자 실라드(Leo Szilard)는 루스벨트 대통령에게 미국의 핵개발을 촉구하는 편지를 작성한다. 그리고 실라드는 아인슈타인을 설득해 편지에 사인을 받아 대통령에게 보냈다. 이 편지와 핵무기의 이론적 토대인 질량-에너지 등가공식($E=mc^2$) 때문에 평화주의자였던 아인슈타인은 핵무기 제조의 주역이라는 오명을 얻게 된다.

루스벨트가 승인한 맨해튼 프로젝트는 그로브스 장군이 총지휘를 맡았고, 오펜하이머(Julius Robert Oppenheimer)가 연구를 이끌었다. 이처럼 인류 역사상 최대 과학 프로젝트가 무기개발 계획이었다니, 참으로 안타까운 일이다.

이 프로젝트에 참가한 과학자 중에는 영국에서 건너온 보어와 갈릴레이 이후 최고의 이탈리아 물리학자로 불리는 페르미(Enrico Fermi)도 있었다. 페르미는 1942년 시카고대학의 스쿼시 코트 구석에 만들어진 연구소에서 원자핵의 연쇄반응에 성공한다. 시카고 파일(Chicago Pile No.1, CP-1)로 알려진 최초의 원자로가 탄생하는 순간이었다. 한 동료는 "그 이탈리아의 항해사가 신세계에 도착했다"라는 말로 실험 성공을 외부에 알렸다. 이탈리아 항해사는 페르

엔리코 페르미

판도라의 원자력

시카고 파일로 알려진 최초의 원자로.

미를 일컫는 것이며, 신세계는 바로 원자력의 시대가 시작되었음을 뜻
하는 것이었다.

## 아톰즈 포 피스

신세계에 도착한 유럽의 탐험가들이 원주민을 학살했듯, 원자력의 시대
가 열리자 처음으로 한 일은 두 개의 핵폭탄으로 죄 없는 시민을 몰살시
킨 것이었다. 맨해튼 프로젝트는 원래 독일의 위협에 대항하기 위한 것
이었다. 하지만 전쟁 후반으로 가면서 독일의 원폭제조 가능성이 크지
않다는 것이 알려졌지만 프로젝트는 중단되지 않았다.

하이젠베르크의 독일 연구팀은 대부분 이론물리학자로 구성되어 있
었다. 그러다 보니 실수가 이어졌고 잘못된 방향으로 연구가 진행되었
다. 이를 두고 후일 하이젠베르크는 자신이 고의적으로 연구 진행을 늦
췄다고 넌지시 밝혔지만 확실하지는 않다. 어쨌건 프로젝트는 계속 진
행되어 1945년 7월 16일 트리니티(Trinity)라는 암호명을 가진 핵폭탄
시험이 이루어졌다. 막대한 예산이 투입되었던 맨해튼 프로젝트는 결과
물을 보여줄 필요가 있었고, 일본의 히로시마와 나가사키에 원자폭탄이
떨어졌다.

트루먼 대통령이 일본에 원자폭탄을 투하한 것은 전쟁의 종식을 앞당
겨 인명 피해를 줄이기 위한 것처럼 알려져 있지만 꼭 그런 것만은 아니
다. 이미 일본은 패색이 짙었고, 원자폭탄이 아니라도 전쟁을 종결지을
수 있는 방법은 있었다. 그래서 실라드 같은 원자폭탄 제조를 찬성한 과

1952년 미국은 '아이비 마이크'로 불리는 첫 수소 폭탄을 실험을 한다.

학자들도 투하에는 반대했지만 결국 투하되었다.

여기서 놀라운 사실은 핵폭탄에 맛들인 텔러(Edward Teller)와 같은 과학자들은 더욱 강력한 수소폭탄 제조에 돌입했다는 점이다. 이로 인해 텔러는 스탠리 큐브릭 감독의 〈닥터 스트레인지러브(Dr. Strangelove Or: How I Learned To Stop Worrying And Love The Bomb)〉에 등장하는 미친 과학자의 모티브가 되었다. 그만큼 텔러는 수소폭탄 제조에 적극적이었다. 그래서 이를 반대하는 오펜하이머와는 척을 졌고 그를 모함하기도 했다.

어쨌건 1954년에는 핵융합을 이용한 수소폭탄을 만들어 비키니 섬에서 시험했다. 엄청난 위력을 지닌 수소폭탄은 섬 표면을 모두 벗겨버렸다. 비키니 수영복은 이렇게 강력한 수소폭탄의 위력을 빗대어 붙인 이름이었다.

원자력의 군사적 효용성은 이것으로 끝나지 않았다. 원자력은 화석연료에 비해 부피가 작으므로 장기간 항해하는 선박의 연료로 안성맞춤이었다. 원자로를 탑재한 항공모함은 전 세계를 대상으로 작전을 펼칠 수 있었다. 특히 원자력 추진 잠수함은 디젤 잠수함과 달리 연료를 연소시킬 필요가 없어서 장기간 잠항이 가능했다. 핵미사일을 실은 잠수함이

어디에 있는지 알 수 없기 때문에 당연히 적국에는 공포의 대상이 된다.

강대국들이 경쟁적으로 핵폭탄을 보유하자 세계는 위기감에 휩싸였고, 1953년 유엔총회에서 미국 아이젠하워 대통령이 '평화를 위한 원자력(Atoms for Peace)'이라는 구호를 내걸고 원자력의 평화적 이용을 호소했다. 이 연설로 인해 1957년에 국제원자력기구(IAEA, International Atomic Energy Agency)가 설립되었고, 1970년에는 핵무기 확산금지조약(NPT)이 발효되었다.

핵무기 억제와 원자력의 평화적 이용을 위해 꾸준히 노력했던 IAEA는 2005년에 노벨평화상을 수상한다. 이러한 사실만 놓고 보면 연설이 매우 성공적이었던 것으로 보인다. 하지만 아이젠하워의 연설은 원자력의 평화적 이용이라는 측면보다는 냉전시대의 정치적 판단에 의한 것이었다. 결국 원자력의 상업적 이용과 주도권을 미국이 가지게 되었다. 원자력의 평화적 이용이라는 미명하에 미국과 소련은 농축우라늄과 원자력 관련 기술을 다른 나라에 자유롭게 수출할 수 있는 면죄부를 얻었다.

다른 과학기술과 달리 유독 원자력에 평화적 이용이 강조된 것은 '핵폭탄 개발을 위한 과학'이라는 태생적 문제를 지녔기 때문이다.

## 판도라의 원자력

원자력은 종종 판도라의 상자에 비유되곤 한다. '모든 선물을 받은 여인'이라는 뜻인 판도라(Pandora)는 제우스가 열어보지 말라고 했던 상자를 열게 되고, 그 속에 있는 온갖 불행이 빠져나와 세상을 혼란으로 빠트린

'모든 선물을 받은 여인'이라는 뜻인 판도라는 제우스가 열어보지 말라고 했던 상자를 가리킨다.

다. 놀란 판도라는 급하게 상자를 닫고, 그 속에는 희망만 남는다.

세상의 불행이 시작되고 결국 희망이 남았다는 이 이야기는 불행과 희망이 함께한다는 메시지를 전하기도 한다. 이미 원자력이라는 판도라의 상자를 연 인류는 많은 불행을 경험했다. 그렇다면 원자력도 판도라의 상자처럼 희망이 남아 있을까?

원자력이 주는 희망을 이야기하려면 우선 방사선이 무엇인지 알아야 한다. 원자력이 두려운 이유도 희망을 주는 이유도 모두 방사선에 의한 것이기 때문이다. 방사선은 방사성 물질에서 방출되는 입자 또는 전자기파이다. 알파선(헬륨의 원자핵)이나 베타선(전자)은 입자선이고 감마선은 전자기파에 속한다.

방사선을 방출하는 능력이 방사능이다. 즉 방사성 물질은 방사선을 방출하는 물질이다. 방사선은 우주선(cosmic rays)이 대기의 물질과 부딪쳐서 생기거나, 땅 속의 우라늄이나 토륨 같은 방사성 물질에서 방출된다. 인류는 이와 같은 자연방사선에 꾸준히 노출되어왔고, 그 양은 1년에 평균 2.4mSv(밀리시버트)이다. 흥미로운 것은 아직까지 국내에서는 우리가 먹는 음식을 통해 피폭되는 방사선량이 원전사고에 의한 것보다 훨씬 많다는 점이다. 물론 원전 사고에서 누출된 방사선이 훨씬 두렵게 느껴질 수 있지만 사실 이들 방사선 사이에는 아무런 차이가 없다.

문제가 되는 것은 피폭양이다. 질량 1킬로그램의 물체에 1줄(J)의 방사선이 흡수되었을 때의 방사선량을 흡수선량이라고 하고 단위는 Gy(그레이)를 사용한다. 하지만 실제로 중요한 것은 방사선이 신체에 미치는 영향이므로, 방사선의 종류와 그에 따른 가중치를 적용한 등가선량을 많이 사용한다. 등가선량의 단위가 Sv(시버트)이며, 밀리시버트는 1/1000Sv이다.

방사선은 양날의 검과 같아서 인체가 피폭되면 DNA가 손상되지만 이를 잘 조절하면 유익한 돌연변이를 만들어낼 수도 있다. 국제원자력기구의 불임곤충기술(SIT, Sterile Insect Technique)이 방사선 돌연변이를 활용한 사례이다. 나선구더기 파리(screw-worm fly) 유충은 가축의 살 속으로 파고들어가 10일 만에 가축을 죽인다.

감마선을 쪼인 불임 나선구더기 파리를 자연에 방사하면 짝짓기를 하더라도 새끼가 태어나지 않아 해충이 근절된다. 불임곤충기술은 살충제와 달리 다른 곤충에도 피해를 입히지 않으며 내성이 생기지 않는다. 환경오염을 일으키지 않는 불임곤충기술은 농축산 자원의 보호와 감염병 예방에 활용되고 있다.

이 외에도 방사선은 핵의학이나 돌연변이 육종기술, 분자구조 변화 등 다양한 분야에 활용되고 있다. 원자력 공포 속에 살고 있지만 방사선이 때로는 사람을 살리고 인류의 삶을 풍족하게 만드는 역할을 하고 있는 것이다.

## 핵융합은 꿈의 에너지?

공사 중단과 재개 등 우여곡절 끝에 미국 조지아주의 보그틀 원자력 발전소가 2023년 가동을 시작했다. 스리마일섬 원자력 발전소 사고(1979) 이후 중단했던 신규 원전 건설이 30여 년 만에 재개된 것이다. 미국뿐 아니라 2022년 영국도 신규 원자력 발전소 건설계획을 발표했고, 2023년 핀란드는 유럽 최대 원자력 발전소를 가동하기 시작했다. 후쿠시마 사고 후 잠잠했던 원자력 시장이 러시아의 우크라이나 침공으로 다시 요동치고 있다.

탈원전 정책으로 다소 원전 비중이 줄었던 우리나라도 2022년에는 다시 원전 가동률을 높이고 있다. 그동안 시민단체의 줄기찬 반대와 문재인 정부 시절 탈원전 정책으로 원전 산업이 크게 위축되었다. 하지만 에너지 안보 문제와 원전 산업 육성, 2023년 EU의 텍소노미(Taxonomy)에 원자력이 포함되면서 국내 원전 산업도 활기를 되찾고 있다. 그렇다고 원자력 문제가 해결된 것은 아니다. 핵폐기물이라는 근본적인 문제에 대한 논의는 아직 시작조차 하지 못했다. 핵폐기물 처리를 위해 핀란드에서는 1983년부터 핵폐기물 처리를 장장 40년에 걸친 연구를 해왔다. 국내에서는 임시저장시설이 포화 상태에 도달하기 직전이지만 아직까지 핵폐기물 처리 연구를 하고 있고, 사회적 합의조차 끌어내지 못했다. 이렇게 치명적 단점을 지닌 원전의 대안으로 핵융합이 고려되고 있다. 핵융합은 핵분열처럼 핵폐기물이나 원전사고, 연료 고갈 문제를 일으키지 않는다.

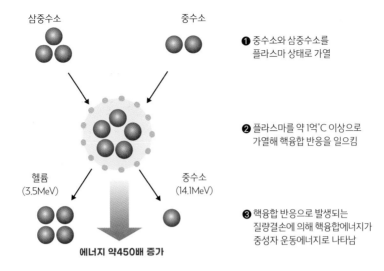

삼중수소　　　　　중수소

❶ 중수소와 삼중수소를
　플라스마 상태로 가열

❷ 플라스마를 약 1억°C 이상으로
　가열해 핵융합 반응을 일으킴

헬륨　　　　　　　　　중수소
(3.5MeV)　　　　　　(14.1MeV)

❸ 핵융합 반응으로 발생되는
　질량결손에 의해 핵융합에너지가
　중성자 운동에너지로 나타남

에너지 약450배 증가

자료: 국가핵융합연구소　　　　　　　　　　　　　　　핵융합에너지 발생원리

핵융합 발전을 하려면 태양 내부와 같은 조건을 지구에서 인공적으로 만들어야 한다. 중수소(deuterium, $^2$H)와 삼중수소(tritium, $^3$H)를 1억도 이상 온도로 높이면 초고온 플라스마가 만들어지고 태양에서 일어나는 핵융합 반응이 일어난다.

핵융합 반응에서 생성된 고속의 중성자가 벽면에 충돌하면서 운동에너지가 열에너지로 전환된다. 이 열에너지가 파이프 밖의 물을 끓여 증기를 발생시키고, 이 증기가 터빈을 회전시키는 것이 핵융합 발전이다. 핵융합은 원료인 중수소와 삼중수소를 바다에서 얼마든지 구할 수 있고, 반응이 진행되는 동안 방사능 물질이 거의 생기지 않아 꿈의 에너지로 불린다.

하지만 핵융합 발전의 상용화를 위해서는 해결해야 할 과제들이 많다. 우선 고온의 플라스마를 장시간 유지할 수 있어야 하고, 이 플라스마

　　　　　　　　　　　　　　　　　　　　　　　　판도라의 원자력

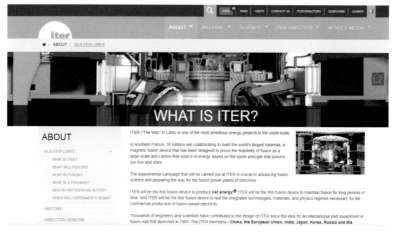

우리나라를 비롯한 세계 7개국이 2025년 완공을 목표로 프랑스에 국제 열핵융합원자로를 건설하고 있다.

를 담아둘 진공용기를 만들어야 한다. 플라즈마는 전기를 띠고 있어 전자석을 이용하면 일정한 공간 내에 가둬둘 수 있다. 핵융합 반응로인 토카막(Tokamak)은 코일을 감은 도넛 모양의 장치이다. 여기에 강한 자기장이 형성되어 입자를 가둔다.

핵융합 장치는 '차가움으로 뜨거움을 감싸는 장치'라고 한다. 토카막의 초전도 자석을 만들기 위해서는 영하 268℃의 극저온 액체 헬륨이 사용되기 때문이다. 핵융합 장치에는 극저온, 초진공, 초전도 자석 등 극한 재료 기술이 필요하며, 우리나라를 비롯한 세계 7개국이 2025년 완공을 목표로 프랑스에 국제 열핵융합원자로(International Thermonuclear Experimental Reactor, ITER)를 건설하고 있다.

ITER(이터)는 사상 최대의 국제 연합 프로젝트로 약 132억 유로의 예산이 소요될 것으로 보인다. 과연 이렇게 막대한 예산을 쏟아부은 ITER가 세상을 바꿀 미래 에너지를 만들고 인류의 희망이 될 수 있을까?

## ✚핵분열과 제어봉

원자력은 우라늄235가 핵분열을 일으킬 때 발생하는 열에너지를 이용해 발전한다. 핵분열은 무거운 원자핵이 가벼운 원자핵으로 쪼개지면서 더 많은 중성자와 열에너지가 발생한다. 이때 발생한 중성자는 또 다른 원자핵과 충돌하는 연쇄반응을 일으켜 더 많은 에너지를 얻을 수 있다. 이때 연쇄반응이 급격하게 일어나면 과열될 수 있으므로 제어봉을 통해 반응을 적절히 조작한다.

## ✚ 체르노빌 원전 사고

1986년 우크라이나에 있는 원자력 발전소에서 발생한 폭발로 대량의 방사성 물질이 유출된 사고가 발생했다. 원자로 설계상의 결함과 운전자의 실수가 겹쳐 발생한 사고였다. 원자로는 과열을 방지하기 위해 자동으로 임계질량 아래에서 작동하도록 설계해야 하지만 체르노빌에서 사고를 일으킨 4번 원자로는 그러한 장치가 없었다. 또한 냉각펌프의 작동 여부를 시험하기 위한 과정에서 제어봉 조작 미숙으로 원자로 내부가 과열되어 냉각수가 열분해되고 수소가 발생했다. 발생한 수소는 폭발을 일으켜 원자로 지붕을 날려버렸고 방사성 물질이 쏟아져 나와 주변을 오염시키는 참사가 일어났다. 하지만 소비에트 연방은 국가 체면만 중요시한 나머지 사고를 은폐했고 결국 피해를 키웠다.

### 더 읽어봅시다

앨런 E. 월터의 『마리 퀴리의 위대한 유산』
뉴턴코리아의 『원자력 발전과 방사능』

판도라의 원자력

2부

혁명을 꿈꾸다

# 2차
# 산업혁명을
# 일으킨 전기

## · 볼타 전지에서 스마트그리드까지 ·

쿨롱의 법칙, 볼타 전지, 전자기 유도 법칙, 앙페르의 법칙, 옴의 법칙, 송전

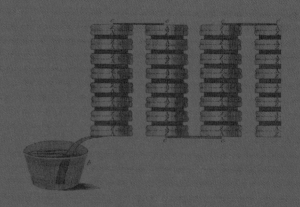

몇 년 전 구글에서 '검은 지구(Black Marble)'의 모습을 공개한 적이 있다. NASA의 인공위성이 촬영한 지구의 야경을 구글맵과 연동시켜 'Earth at Night 2012'로 제공한 것이다. 사진을 보면 지구는 밤에도 아름답고 화려하다는 생각이 들지만, 한편으로는 쓸쓸함을 느끼게 된다. 야경지도는 도시화를 보여주는 동시에 에너지 소비의 현황도 보여준다. 지도에서 한반도를 보면 화려하게 빛나는 남한의 모습과 달리 북한은 암흑 속에 묻혀 있다. 이처럼 전기는 현대 문명을 지탱하는 가장 중요한 힘이다.

## 프랑켄슈타인을 만든 과학자들

영화 〈토르: 라그나로크(Thor: Ragnarok)〉에서 토르는 '묠니르'가 부서지는 수모를 겪고 천둥의 신으로 거듭난다. 영화에서는 토르가 우주에서 온 신으로 묘사되지만 실제로는 북유럽 신화의 주신(主神)이다. 마찬가

2차 산업혁명을 일으킨 전기

미국의 역사화가 벤저민 웨스트가 그린 〈하늘에서 전기를 끌어들이는 벤저민 프랭클린〉(1816).

지로 그리스 신화의 주인인 제우스도 토르와 마찬가지로 번개를 무기로 쓴다. 고대로부터 사람들은 번개를 최상의 신에 걸맞은 최고의 무기로 여겼던 것이다.

항상 천둥과 번개는 두려움의 대상이었고, 신들의 무기로 여기질 만큼 위대한 힘을 지녔다고 믿었다. 18세기에 접어들자 일부 과학자들은 번개가 전기 현상과 유사하다는 것을 알게 되었지만 아직은 추측에 불과했다. 역사상 가장 무모한 실험으로 알려진 '연 실험'을 통해 번개의 정체를 밝히고 그 힘을 지상으로 끌어내린 사람은 미국의 인쇄업자 프랭클린(Benjamin Franklin)이었다.

18세기 초 유럽 전기 연구는 아이를 공중에 매달아 정전기로 대전시켜 종이를 끌어당기는 쇼를 보여주는 정도가 고작이었다. 이러한 흥밋거리 위주의 전기 연구에서 벗어날 수 있도록 한 것이 프랭클린의 책 『전기 실험과 관찰』(Experiments and Observations on Electricity, 1751)이다. 그는 이 책에서 양전기와 음전기 같은 전기 용어를 만들고 번개가 전기 현상이라고 주장했다. 그리고 다음 해, 자신의 주장대로 번개가 치는 날에 아들과 함께 연을 날렸고, 라이든 병에 전기를 모아 번개를 낚는 데 성공했다.

프랭클린의 실험에 자극을 받은 프랑스 기술자 쿨롱(Charles Augustin de Coulomb)은 비틀림 저울을 이용해 전하 사이에 작용하는 힘의 관계를 밝혔다. 즉 쿨롱은 뉴턴의 만유인력법칙처럼 전하 사이에도 거리의 제곱에 반비례 하는 힘이 작용한다는 쿨롱의 법칙을 발견한 것이다. 하지만 아직 프랭클린의 실험과 쿨롱의 연구 외에는 전기에 대해 이렇다 할 발전이

2차 산업혁명을 일으킨 전기

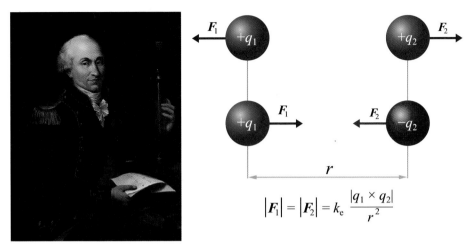

$$\left|F_1\right| = \left|F_2\right| = k_e \frac{|q_1 \times q_2|}{r^2}$$

기술자 쿨롱과 쿨롱의 법칙.

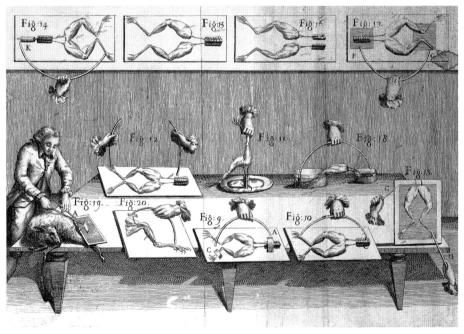

갈바니의 개구리 실험.

없었다. 축전기에 불과한 라이든 병으로
는 전기를 계속 공급할 수 없었다. 그러
니 전류에 대한 연구도 어려웠다.

프랑켄슈타인

전류 연구의 돌파구는 뜻밖에도 개구
리를 해부하던 볼로냐 대학 해부학 교
수 갈바니(Luigi Galvani)가 열었다. 갈바
니는 정전기 장치에서 불꽃이 일자 개
구리 다리가 움찔하는 것을 보았고 이
것이 '동물 전기'에 의한 현상이라고 생
각했다. 그는 번개 치는 날 개구리 다리를 쇠창살에 매달아 다리가 움
직이는 것도 관찰했는데, 이것은 메리 셸리의 소설 『프랑켄슈타인』
(Frankenstein,1818)에 중요한 모티프가 되었다. 결국 갈바니의 동물 전기
는 볼타(Alessandro Volta)에 의해 생물학적 현상이 아닌 전기화학적 현상
임이 밝혀진다. 개구리 다리에 전기가 들어 있는 것이 아니라 외부의 전
기 자극에 의해 근육이 수축했던 것이다.

## 패러데이의 발전기

은과 아연 조각을 소금물에 적신 종이 사이에 끼워 만든 '볼타 전지'는
전류를 지속적으로 공급할 수 있었다. 이로써 전류에 관한 새로운 연구
가 가능했다. 1827년 독일 물리학자 옴(Georg S. Ohm)은 물질의 모양과
전류의 흐름을 연구하여 '옴의 법칙'을 찾아낸다. 옴의 법칙은 전기에 관

2차 산업혁명을 일으킨 전기

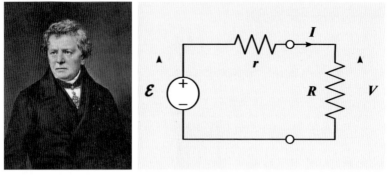

독일 물리학자 옴과 전기 회로. 옴은 실험을 통해 '전류의 세기는 전압에 비례하고, 전기저항에 반비례 한다'는 옴의 법칙을 발견했다.

한 가장 기본적인 법칙으로 지금은 누구나 어렵지 않게 이해할 수 있다. 하지만 당시만 해도 많은 과학자들이 이를 쉽게 받아들이지 못했다. 결국 실험을 통해 옴이 옳았다는 것이 알려지면서 '옴의 법칙'으로 통용되었다.

옴의 법칙은 '줄의 법칙'으로 이어지면서 전기 에너지가 열에너지로 변환되는 것을 설명해준다. 즉 전기난로와 전등이 빛을 발하는 현상을 설명해준다.

전기 에너지는 저항에 비례해서 열에너지로 전환되기 때문에 저항이 클수록 더 많은 열이 발생한다.($E=I^2Rt$) 전등은 필라멘트에서 고열이 발생할 때 생긴 빛을 이용한 것으로 전기의 능력을 사람들에게 보여주는 훌륭한 발명품이다. 하지만 난로나 전등은 전기가 가진 능력의 일부에 불과했다. 전기가 세상을 근본적으로 변화시킬 수 있게 된 것은 패러데이(Michael Faraday)의 전자기 유도 법칙 덕분이다.

1820년 덴마크의 물리학자 외르스테드(Hans Christian Oersted)는 나침

왼쪽부터 외르스테드, 앙페르, 패러데이

반 위에 있는 전선에 전류가 흐르자 나침반 바늘이 움직이는 것을 관찰

한다. 전류가 흐르는 도선 주위에 자기장이 형성되면서 나침반 바늘에

힘을 가했기 때문이다. 흔히 외르스테드가 운이 좋아서 발견한 것으로

알려져 있지만 사실 외르스테드는 이전에도 동일한 실험을 했다. 단지

그때는 전선과 나침반을 직각으로 놓고 실험하는 바람에 아무런 변화를

관찰할 수 없었다. 외르스테드는 단지 전선 주위에 형성되는 자기장의

방향을 잘못 알고 있었고 나침반의 방향을 바꾸자 전선 주위에 형성되

는 자기장을 관찰할 수 있었다.

외르스테드의 발견 1년 후 프랑스 물리학자 앙페르(Andre Marie

Ampere)가 전류가 흐르는 두 도선 사이에도 마치 자석처럼 서로 힘이 작

용한다는 사실을 발견했다. 외르스테드와 앙페르의 실험으로 인해 전류

가 자기장을 형성한다는 것이 명확해졌다. 이에 많은 과학자들은 자석

이 전류를 만들어낼 수 있지 않을까 하는 의문을 가졌다. 패러데이도 그

중 한 사람이었다. 하지만 전류의 자기작용과 달리 자석에 의해 발생하

2차 산업혁명을 일으킨 전기

는 전류는 찾기가 쉽지 않았다. 전류의 정체가 전하의 흐름이라는 사실을 몰랐기 때문이다.

전하의 흐름이 주변에 자기장을 만드는 것처럼 자석이 움직일 때만 도선에 전류가 흐른다는 사실을 알기 어려웠던 것이다. 그래서 외르스테드의 발견이 있고 10여 년이나 지난 1831년에 패러데이가 피복 전선으로 만든 두 개의 코일을 사용해 겨우 자기장의 변화에 의해 전류가 만들어지는 것을 관찰하게 된다.

패러데이는 1차 코일에 전류를 흐르게 하자 2차 코일에 순간적으로 전류가 흐르는 것을 발견하고, 그것이 자기장에 의해 전류가 유도된 전자기 현상이라고 여겼다. 그는 코일 속에 막대자석을 넣어 자석이 움직일 때 코일에 전압이 발생해 전류가 유도되어 흐르는 전자기 유도 법칙을 발견한다. 사실 미국의 물리학자 헨리(Joseph Henry)가 1년 먼저 이 사실을 발견했지만 논문 발표는 패러데이가 빨랐다. 그래서 영광은 패러데이에게 돌아갔다.

## 에디슨과 테슬라의 전류 전쟁

패러데이의 발견으로 더 이상 전지에 의존할 필요 없이 전류를 지속적으로 공급받을 수 있게 되었다. 하지만 사람들은 이것이 얼마나 위대한 발견이며 발명인지 곧바로 깨닫지 못했다. 전기로 작동되는 장치가 없었으니, 패러데이가 발전기의 원리를 알아내도 별 쓸모가 없었던 것이다. 사람들에게 전기의 위대한 힘을 구체적으로 보여준 사람은 에디슨이었다.

'먼로파크의 마법사'로 알려진 에디슨은 1,000여 가지의 발명품을 만들어낸 전무후무한 발명왕이었다. 하지만 그의 능력은 단지 수많은 발명품을 만든 것에 그치지 않는다. 그것을 상품화시키는 사업적 수완도 남달랐기에 강력한 힘을 발할 수 있었다. 백열등을 보면 에디슨의 이러한 면모가 잘 드러난다. 에디슨은 백열등을 만들기 위해 엄청난 노력을 했는데, 한편으로는 전등을 더 많이 공급하기 위해서는 발전소와 송배전 시스템이 필요하다는 사실을 깨닫고 관련 장치들도 발명했다.

에디슨

에디슨은 전등을 최초로 발명하지는 않았어도 백열등 상용화에 필요한 시스템 전체를 개발한 전기의 마법사이다. 이렇게 뛰어난 발명왕이

테슬라

었지만 그에게도 하나의 골치 아픈 문제가 있었다. 바로 발전소에서 전기를 가정으로 보내는 효율적인 송전 방법이 없다는 것이었다. 학교에 제대로 적응하지 못해 과학 교육을 받지 못했던 에디슨은 모든 문제를 직접 몸으로 부딪쳐 해결했다. 그래서 이론적으로 복잡한 교류보다는 상대적으로 단순한 직류 발전과 송전 방식을 선택했는데, 효율이 별로 좋지 못했다.

직류는 변압하기 어려워 가정에서 사용하는 전압을 그대로 송전했는

2차 산업혁명을 일으킨 전기

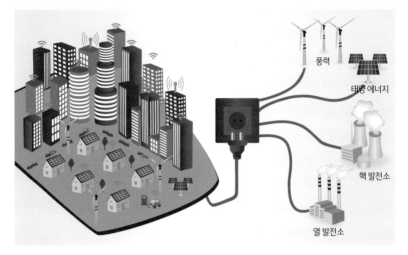

스마트그리드                                                        © Shutterstock.com

데, 전압이 낮으면 그만큼 송전 손실이 크기 때문에 비효율적이었던 것이다. 그래서 장거리 송전을 할 수 없었던 에디슨은 발전소를 도시 곳곳에 세울 수밖에 없었다.

에디슨과 달리 경쟁 관계에 있던 웨스팅하우스는 교류 송전 방식을 채택했다. 그가 복잡한 교류 송전 방식을 선택할 수 있었던 것은 '현대판 프로메테우스'로 불리는 테슬라(Nikola Tesla)가 있었기 때문이다. 세르비아 출신의 테슬라는 대학에서 체계적인 공부를 한 공학도였다. 이미 6세 때 여러 가지 발명품을 만들고, 고등학교 때는 수학과 물리학에 뛰어난 재능을 보인 천재였다. 노력형의 에디슨과 달리 테슬라는 해박한 지식과 영감을 바탕으로 일하는 천재였다.

미국으로 건너온 테슬라는 한때 에디슨 밑에서 일했지만 두 사람의 스타일이 너무 달라 결국 테슬라는 에디슨을 떠나 경쟁자였던 웨스팅하우스에게 간다. 이로 인해 에디슨과 테슬라 사이에 '전류 전쟁'이 일어났다. 경쟁심이 강했던 에디슨은 전력 사업권을 따내기 위해 비열한 방법도 서슴지 않고 사용했다. 그는 교류가 위험하다는 것을 강조하기 위해 동물을 전기로 죽이는 실험을 했고, 사형수를 전기의자로 죽이도록 사주했다. 그리고 교류 전기에 대해 비난과 모략을 서슴지 않았지만 결국 웨스팅하우스가 경쟁에서 승리했다.

오늘날 우리가 교류 전기를 사용하게 된 것은 테슬라의 공 때문이다. 이 전류 전쟁으로 에디슨과 테슬라 사이는 완전히 틀어졌고, 노벨상을 공동 수상할 경우 수상을 거부하겠다는 소문까지 나돌았을 정도였다.

## 전기 쇼핑

증기기관에 의해 형성된 근대 도시는 전기의 출현으로 제2의 산업혁명이라고 할 만큼 크게 변모하였다. 사실 영향력으로 본다면 전기가 증기기관보다 크다고 할 수 있다. 증기기관은 열에너지를 단지 역학적 에너지로 변환시켰지만 전기 에너지는 역학적 에너지뿐 아니라 일상생활에서 필요로 하는 거의 모든 형태로 전환이 가능하다. 그래서 문명이 발달할수록 전기에 대한 의존도는 높아질 수밖에 없다.

전기 문명은 에디슨과 테슬라의 치열한 경쟁 속에서 탄생했다. 현재의 전력 시스템도 그들이 꿈꿔왔던 발전소에서 만든 전기를 필요한 곳으로 보내는 현재의 전력시스템도 그들의 아이디어였다. 이러한 전력 공급 시스템에서 소비자는 선택의 여지없이 일방적으로 전기를 공급

받아 사용할 수밖에 없었다. 하지만 미래의 전력시장은 스마트그리드(smart grid)로 인해 전기를 품질과 가격에 따라 골라 쓰는 것이 가능할 것이다.

전력시스템의 패러다임을 완전히 바꾸어놓을 스마트그리드는 기존의 전력 시스템(grid)에 똑똑한 IT기술(smart)을 접목하여 양방향으로 정보 교환이 가능하게 만든 지능형 전력망이다.

사물지능통신과 결합한 스마트그리드는 소비자가 단순히 전기 사용자가 아니라 생산, 소비, 저장으로 구성된 전력 시장에 적극적으로 참여하는 주체가 될 수 있게 해준다. 즉 발전소에서 일방적으로 공급하는 전기를 사용하는 것이 아니라 마치 쇼핑을 하듯이 내가 원하는 가격과 시간 그리고 품질의 전기를 골라 쓸 수 있게 된다.

전기를 쇼핑한다는 것이 이상하게 들릴 수도 있지만 심야전기의 경우도 소비자의 선택에 따라 야간에 할인된 요금으로 전기를 사용할 수 있게 한 제도였다. 물론 심야전기의 경우 원가 상승과 수요 예측의 실패로 결국 소비자에게 피해만 돌아갔지만 스마트그리드는 이러한 비탄력적인 시스템과 근본적으로 다르다.

스마트그리드는 수많은 전기기기들에서 발생한 정보가 송전망을 통해 실시간으로 전달되기 때문에 전력의 수요를 파악할 수 있고 전력수요가 몰리지 않도록 조절하는 매우 탄력적인 시스템이다. 여름철 에어컨 가동으로 전력수요가 폭증할 때에는 전기요금을 비싸게 책정해 세탁기나 청소기 같은 다른 전기기구의 사용을 억제하여 전력망을 안정적인 상태로 유지하게 되는 것이다.

지금은 전력의 총 사용량에 따라 요금을 부과하지만 스마트그리드에서는 사용시간대에 따라 차등화된 요금을 내게 된다. 따라서 소비자는 상대적으로 저렴한 시간에 세탁기와 같은 전기기구를 사용하거나 전기를 저장해놓음으로써 전기요금을 아낄 수 있다.

스마트그리드는 소비자에게는 싸고 안정적인 전기를 공급할 뿐 아니라 환경보호에도 필수적인 시스템이다. 최대전력수요를 낮추어 추가로 발전소를 건설하는 비용과 환경 부담을 줄이며, 수시로 변하는 태양이나 바람을 신뢰할 수 있는 신재생에너지로 바꾸어주는 역할을 하기 때문이다.

특히 미래형 교통수단인 전기자동차를 운용하는 데는 스마트그리드가 필수적이다. 전기자동차의 수가 늘어날수록 전력망에는 불규칙한 과부하가 발생할 수 있는데, 이를 방지하기 위해 스마트그리드가 필요하다. 재미있는 것은 전기자동차는 소비자인 동시에 생산자 즉 발전소가 될 수 있다는 점이다.

전기자동차에 충전된 전기는 전력수요가 증가해 전력단가가 높아지면 송전망을 통해 되팔아서 이익을 얻을 수 있다. 운전자는 자신의 지하주차장에서 가장 저렴한 시간대에 자동차를 충전해 사용하고, 남는 전기는 피크 타임에 되팔아서 차량 유지비를 절약할 수 있다. 따라서 신재생에너지를 통한 발전량이 늘어나고 전기자동차의 보급이 확대되어 대규모 이동형 부하가 발생할 경우 이를 최적으로 운용하고 조절할 수 있는 스마트그리드가 필요하다.

스마트그리드는 전력을 최대한 효율적으로 사용할 수 있게 해주기 때문에 환경오염으로부터 지구를 구할 영웅으로 불리기도 한다. 초전도 케이블로 구성된 스마트그리드를 통해 더욱 편리하고 깨끗한 환경 속에서 살 수 있을 것이다.

## ✚ 전봇대의 변압기

과거에는 '도란스'라고 부르던 변압기(transformer)가 가정에 하나씩 있었다. 도란스는 트랜스포머의 '트랜스'를 일본식으로 발음한 것으로 입력 전압과 다른 전압의 전기 제품을 작동시키기 위해 사용했다. 1973년부터 시작된 승압정책에 따라 110V이던 가정용 전압을 220V로 높이면서 110V 제품을 사용하기 위해 변압기가 필요했다. 변압기는 상호유도(1차 코일의 전류 세기가 변하면, 2차 코일에 유도 기전력이 발생하는 현상)를 이용해 원하는 전압을 얻는다. 전봇대를 보면 원기둥 모양의 변압기가 붙은 것을 볼 수 있다. 전봇대의 변압기는 22,900V의 전압을 가정용인 220V로 감압하는 역할을 한다. 요즘에는 도시에 지중화 공사를 해서 전봇대가 없다. 그 대신 길가의 육면체 금속박스 안에 변압기가 설치돼 있다.

## ✚ 무선 전력 전송 기술

테슬라를 '비운의 천재'라고 하는 것은 그가 상상한 여러 기술적 비전이 시대를 너무 앞서갔기 때문이다. 그중 하나가 무선 전력 전송 기술이다. 테슬라는 전선이 없이도 전력을 보낼 수 있는 기술을 구현하려 했다. 그는 무선 전력 전송기술을 실용화하지 못했지만 무선 충전기의 형태로 곳곳에서 현실화되었다. 현재 많이 사용하는 상호유도 방식은 가까운 거리에서만 전력 전송이 가능하다. 하지만 언젠가는 대기권 밖에서 생산한 전기 에너지를 마이크로파를 이용해 섬 같은 낙후된 지역에 보낼 수도 있을 것이다.

**더 읽어봅시다**

질 존스의 『빛의 제국』
데이비드 보더니스의 『일렉트릭 유니버스』

　　　　　　　　　　　　　　　　　　　　　　　2차 산업혁명을 일으킨 전기

# 전자기기에게
# 자유를 준
# 전지

## · 볼타 전지에서 연료 전지까지 ·

볼타 전지, 이온화경향, 산화환원, 기전력, 태양 전지, 반도체

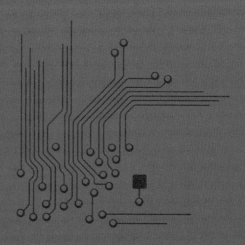

스마트폰을 비롯해 노트북이나 태블릿PC, 스마트워치 등 휴대용 전자기기에 대한 의존도는 날이 갈수록 높아지고 있다. 전자기기들의 휴대성이 증가할 수 있었던 것은 전자기술과 함께 전지의 성능이 크게 향상되었기 때문이다. 모든 전자기기에 자유를 주고 그 스마트함을 즐길 수 있게 된 것은 전지가 있었기에 가능했다. 전지는 편리함뿐 아니라 마치 아이언맨의 심장처럼 모든 기기에 생명을 불어넣고 있다. 엔진으로 움직이는 자동차도 배터리가 방전되면 움직일 수 없으며, 디지털 도어록이 방전되면 집에 들어갈 수도 없다. 그렇게 우리는 전지에 의존하고 있다.

## 전자기기의 심장

국내에서도 마니아층을 형성하며 일본 애니메이션 역사에 한 획을 그은 안노 히데야키 감독의 〈신세기 에반게리온(Neon Genesis Evangelion, 1995)〉에는 에바로 불리는 거대 로봇이 등장한다. 이 애니메이션에서

전자기기에게 자유를 준 전지

고대 페르시아에서 만든 토기로 초기 형태의 전지로 추정되어 '바그다드 전지'로 부르지만 확실하지는 않다.

인상 깊었던 것은 거대 로봇을 작동시키기 위해 전력선을 연결하고, 분리된 후에는 일정 시간밖에 작동하지 못한다는 설정이었다. 이는 전지에 저장된 에너지를 모두 사용하면 작동을 멈출 수밖에 없다는 뜻이다.

영화 속 이야기지만 거대 로봇부터 소형 장난감까지 전기전자 기계들은 전기를 공급해주는 전지가 없으면 무용지물이 된다. 놀라운 것은 현대 전기문명의 심장이라 할 수 있는 전지가 기원전에 등장했을지도 모른다는 사실이다. 1936년 이라크의 바그다드에서 발견된 작은 항아리 모양의 고대 유물 '바그다드 전지'를 보면 구조상 건전지와 유사하다. 하지만 최초의 전지였을지라도 문명에 별다른 영향을 주지 못해 과학사적 측면에서 별로 중요하게 취급되지는 않는다.

이와 달리 1800년 볼타가 발명한 '볼타 전지'는 전기화학을 탄생시키고 후대에 다양한 전기 연구가 이루어질 수 있도록 했다. 그래서 볼타는 전압의 단위(V, 볼트)에 자신의 이름을 남기는 영광을 얻게 된다. 볼타는

갈바니의 '동물 전기'가 화학 반응에 의한 것이라 생각하고 소금물을 적신 천 사이에 아연판과 구리판을 번갈아 끼워 만든 볼타 전지를 발명한다. 전지를 쌓아 만든 형태라서 볼타 전퇴(voltaic pile)라 불리기도 한다.

볼타 전지와 같은 화학 전지는 산화환원 반응을 이용한 것으로 이외에도 다양한 종류의 화학 전지들이 등장했지만 그 작용 원리는 변함없다. 구리와 아연으로 된 두 전극을 전해질인 황산용액에 담근 볼타 전지의 경우, 아연은 황산 속에 있는 수소 이온보다 이온화 경향이 크므로 아연판에서 아연이 산화되면서 아연이온이 생성된다.

아연판에 모인 전자는 구리판으로 이동하게 된다. 이때 구리판 주변에 있던 수소 이온이 전자를 얻어 수소로 환원된다. 이와 같이 음극에서 산화반응이 일어나고 양극에서 환원반응이 일어나면서 전

볼타와 볼타 전지

자의 이동 즉 전류가 흐른다. 이때 전류를 흐르게 하는 힘을 기전력(emf, electromotive force)이라 하며, 단위는 V를 사용한다. 보통 건전지의 '전압이 1.5V'라는 식으로 말하지만 정확하게는 '기전력이 1.5V'인 것이다. 전지는 두 단자 사이에 일정한 전위차(전압)를 유지하여 전류가 흐를 수 있도록 하는 기전력을 발생시키는 장치이기 때문이다.

물론 물질의 화학 반응에 의해서만 기전력이 발생하는 것은 아니다.

　　　　　　　　　　　　　전자기기에게 자유를 준 전지

전지는 기전력을 얻는 방법에 따라 화학 전지와 물리 전지로 구분하기도 하며, 미생물을 이용한 생물전지도 있다.

## 소금호수에서 만든 전지

일상생활에서 가장 흔하게 사용하는 화학 전지는 충전 여부에 따라 다시 1차 전지와 2차 전지로 구분한다. 건전지처럼 내부물질이 모두 화학 반응에 참여하고 나면 다시 사용할 수 없는 것이 1차 전지이다. 이와 달리 충전지로 불리는 2차 전지는 충전을 하게 되면 내부의 반응물질이 다시 화학 반응을 일으켜 전기 에너지를 얻을 수 있는 상태가 된다.

(위)건전지, (아래)리튬 이온 전지

건전지를 비롯해 알칼리 전지, 수은 전지 같은 1차 전지는 구조가 간단하고 가격이 저렴해 일상생활에서 널리 사용되고 있다. 하지만 전지를 계속 사용해야 하는 경우에는 오히려 2차 전지를 사용하는 것이 비용이나 환경 측면에서 유리하다. 2차 전지에는 니켈-카드뮴 전지, 니켈수소 전지 등이 있으나 최근 휴대폰이나 노트북에 사용되는 것은 리튬 이온 전지이다.

리튬 이온 전지는 1990년대 초에 개발되어 이제는 전자기기뿐 아니라 가정용 전원공급 장치에도 사용되고 있다. 초창기 휴대폰이 벽돌폰이라 불렸던 것은 전자부품의 크기가 컸기 때문인데 그중에는 전지도 많은 부피를 차지했다. 당시 전지는 니켈-카드뮴 전지나 니켈-수소합금 전지를 사용해 부피가 크고 무거웠다. 이에 비해 스마트폰에 사용되는 리튬이온 전지는 가볍고, 에너지 밀도가 높아 작게 만들 수 있다.

리튬은 원자번호 3의 알칼리 금속으로 가벼워 휴대성이 좋다. 현재 전 세계 리튬 매장량의 80%가 염호에 존재하며 75%는 우유니 소금호수를 비롯한 안데스산지의 염호에 있다. 그래서 리튬을 '소금호수의 녹색에너지'라고 부르기도 한다. 리튬의 수요가 날로 증가하고 있어 나라마다 안정적인 공급처를 찾기 위해 고심하고 있다. 리튬이 가장 풍부한 곳은 바닷물이지만 밀도가 낮아 경제성 있는 추출 방법이 등장하기 전까지는 그림의 떡에 불과하다.

'세상에서 가장 큰 거울'로 불리는 볼리비아의 우유니 소금사막은 지각변동으로 생긴 거대한 소금호수이다.

전자기기에게 자유를 준 전지

미래 전자기기의 형태는 2차 전지기술에 달려 있다고 해도 과언이 아니다. 유연하고 신축성 있는 전자기기가 등장하기 위해서는 결국 전지도 동일한 성능을 지녀야 하기 때문이다. 이미 박스형의 휴대폰 전지를 비롯해 곡선 형태의 전지까지 등장하고 있다. 2차 전지는 휴대용 전자기기뿐 아니라 소형 스쿠터나 전기자동차에도 활용되고 있다. 니켈-수소합금 전지가 사용되었던 전기자동차도 리튬 이온 전지가 널리 사용되고 있다. 전기자동차의 가격은 전지가 좌우할 정도였지만 전지의 성능이 향상되면서 전기자동차가 내연기관 자동차를 몰아낼 날도 얼마 남지 않았다.

전지가 단지 전자기기의 휴대성과 편리성만 증가시킨 것은 아니다. 전지는 전력시스템 변화에도 중요한 역할을 한다. 전기 에너지는 다른 형태의 에너지로 쉽게 전환할 수 있는 장점이 있지만 저장이 쉽지 않아 항상 필요한 만큼 발전소에서 생산해야 하는 어려움이 있었다. 언제든 필요한 만큼 발전할 수 있다면 문제가 없겠지만 대형 발전소에서 전력을 공급하는 현재 시스템에서는 수요와 공급을 정확히 맞추기 어렵다. 그래서 발전소는 항상 수요 이상의 전력을 생산하고, 남는 전력은 저장한다.

수력발전소는 남는 전기로 펌프를 가동시켜 물을 다시 댐 위로 끌어올리는 양수발전을 한다. 화력발전소나 신재생에너지 발전소의 경우에는 압축공기를 지하에 저장해 전력이 부족할 때 꺼내 쓰는 압축공기저장방식(CAES, Compressed Air Energy Storage)등 다양한 방식으로 전력을 저장했다. 하지만 앞으로는 스마트 그리드를 통해 효과적으로 전력의 수요와 공급을 조절할 것이며, 이때 꼭 필요한 것이 전기 에너지 저장장치(ESS, Electrical Storage Systems)이다.

## 인공위성에서 시작된 태양 전지

ESS는 대용량 2차 전지라고 할 수 있는데, 전력이 남을 때 저장해두는 장치이다. 또한 ESS는 신재생에너지를 효과적으로 활용할 수 있도록 해준다. 태양광이나 풍력 같은 신재생에너지는 수급이 불규칙하며, 전력의 생산 시점과 사용 시점을 제어할 수 없다. 하지만 ESS가 있으면 신재생에너지를 통해 발전한 전력을 ESS에 저장했다가 필요할 때 꺼내 쓸수 있으며, 남는 전력은 전기회사에 되팔 수 있는 등 스마트 그리드 운용을 위해 꼭 필요한 장치라고 할 수 있다.

ESS에 전력을 공급할 수 있는 신재생에너지 중 널리 활용 가능한 장치로 태양 전지가 있다. 태양 전지는 1954년 미국 벨연구소에서 발명, 1958년 인공위성 뱅가드 1호에 장착되었다. 화학 전지는 수명이 몇 주

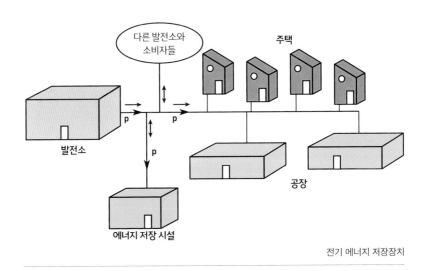

전기 에너지 저장장치

전자기기에게 자유를 준 전지

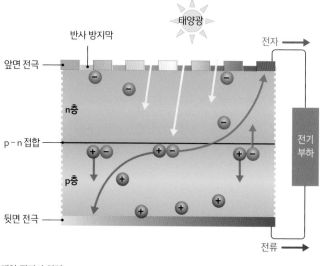

반사 방지막

전자 →

앞면 전극

전자

n층

p-n접합

전기
부하

p층

뒷면 전극

전류 →

태양 전지의 원리

에 불과하지만 태양 전지는 몇 년이 지나도 사용이 가능하다. 그래서 인공위성에 사용된 것이다. 지금도 우주에서 전력을 지속적으로 공급하는 가장 효율적인 방법은 태양 전지이다. 뱅가드 위성에 장착된 태양 전지는 고작 효율이 4%에 불과했다. 하지만 그 실용성을 인정한 1960년대 NASA에서는 연구를 계속 이어갔다.

태양 전지는 물질의 산화환원 반응을 이용하는 것이 아니라 빛이 조사되었을 때 반도체에서 전자가 튀어나오는 현상을 이용한 물리 전지이다. 태양 전지는 p형 반도체와 n형 반도체를 접합해서 만든다. p-n 접합면에 광자가 닿으면 전자와 양공이 생기는데, 전기마당에 의해 전자는 n형 반도체 쪽으로 이동하고 양공은 p형 반도체 쪽으로 이동하여 전극을 통해 전류가 흐르게 된다.

태양 전지의 기본 단위를 셀이라고 하며, 셀이 모여 모듈을 형성하고,

© Shutterstock.com

태양 전지판

모듈을 연결하여 태양 전지 어레이를 만든다. 반도체 재료로 실리콘을 사용하듯 태양 전지 재료로도 실리콘 화합물 반도체가 많이 사용된다. 단결정 실리콘의 경우 효율이 높지만 극도로 정제된 원료만 사용하기 때문에 고가이다. 그래서 효율이 조금 떨어지지만 다결정 실리콘을 많이 사용한다.

태양 전지라고 항상 반도체 재료만 사용해야 하는 것은 아니다. 식물의 광합성 원리를 모방한 염료감응 태양 전지처럼 빛에 의해 전자를 방출할 수 있는 재료는 무엇이든 태양 전지가 될 수 있다. 염료감응 태양 전지는 다양한 색상의 염료를 사용할 수 있어 창문에 다양하게 활용할 수 있으며, 플라스틱에 사용하여 휘어지게도 만들 수 있다. 두 장의 유리 사이에 염료만 칠하면 전류가 발생하기 때문에 만들기도 쉽다. 염료감응 태양 전지는 저렴할 뿐 아니라 투명하고 색을 넣을 수 있어 스테인드

전자기기에게 자유를 준 전지

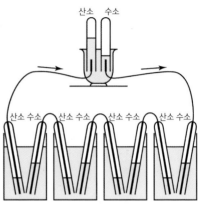

그로브와 가스 배터리

글라스 같은 장식적 효과와 함께 전력을 얻을 수 있다. 무엇보다 사용하는 원료가 환경 친화적이라는 장점도 있다. 태양 전지는 가로등이나 가드레일의 경고등을 밝히는 것뿐 아니라 건물에 일체형으로 시공하여 필요한 전력을 얻을 수도 있다.

## 미생물로 만든 전지

태양 전지는 거의 무한한 자원인 태양광을 이용한다는 점에서 매력적이지만 햇빛이 비칠 때만 발전할 수 있다는 단점이 있다. 이와 달리 신에너지의 일종인 연료 전지(fuel cell)는 연료만 공급하면 언제든 필요한 전력을 얻을 수 있다. 연료 전지는 화학 반응을 통해 전력을 얻는다는 점에서 일종의 화학 전지라고 할 수 있지만, 반응 물질을 공급하면 계속 전력을 얻을 수 있다는 점이 다르다. 또한 연료를 공급하면 바로 전기를

얼을 수 있기 때문에 충전에 따른 시간
낭비가 없다.

연료 전지에서 전기를 얻는 방법은
물의 전기분해 과정의 역반응을 이용한
다. 물을 전기분해하면 수소와 산소가
발생하는데, 연료 전지는 수소와 산소
를 반응시키는 과정에서 전기가 발생하
는 것을 이용한 것이다. 따라서 연료 전
지도 산화환원 반응의 관점에서 본다면
일반 화학 전지와 같은 원리를 이용한
다고 할 수 있다. 이렇게 연료 전지의 원

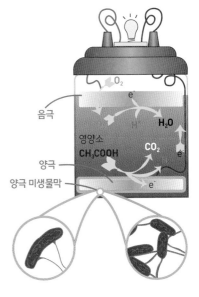

미생물 연료 전지 원리

리가 단순하기 때문에 이미 1839년 영국의 물리학자 그로브 경(Sir W.
Grove)에 의해 '가스 배터리'라는 이름으로 알려져 있었다.

그렇다면 이렇게 오래전에 알려진 연료 전지가 널리 사용되지 않는
이유는 무엇일까? 원료인 수소가 폭발성이 있어 보관이 어렵고, 프로판
가스처럼 쉽게 압축액화하기가 어렵기 때문이다. 수소를 액화하기 위해
서는 영하 253℃ 이하로 냉각해야 하는데, 이렇게 낮은 온도로 보관하
는 데는 비용이 많이 들며 효율도 낮아진다. 그래서 수소저장합금을 이
용해 수소를 저장한다.

또 다른 문제는 수소는 우주에서 가장 흔한 물질이지만 아이러니하
게도 지구에서는 기체 상태로 존재하는 수소가 거의 없다는 점이다. 현
재로서는 물을 전기분해하거나 메탄올이나 휘발유 같은 탄화수소 연료

전자기기에게 자유를 준 전지

● 개질 휘발유와 같은 탄화
수소 화합물을 열이나 촉매
를 이용해 다른 화합물로 분
해하는 공정을 말한다. 나프
타에서 양질의 휘발유나 벤
젠 등을 얻는 공정도 개질이
라고 한다.

를 개질(reforming)●해서 얻는 방법을 사용한다. 개질에

는 에너지가 필요하고 부산물로 일산화탄소나 이산화탄

소가 발생한다. 따라서 연료 전지 자체는 환경 친화적이

지만 수소를 얻는 효과적인 방법이 필요하다. 우리나라

를 비롯하여 세계 각국은 다가올 수소경제에 대비하기

위해 블루 수소를 넘어 그린 수소를 생산할 방법을 찾고 있다. 그린 수

소는 재생에너지를 사용하여 탄소 배출이 전혀 없는 방식으로 생산되는

수소이다. 언젠가는 식물처럼 햇빛과 물을 이용해 수소를 생산하는 시

대가 올 것이다.

놀랍게도 자연은 이미 효율적인 연료 전지도 사용하고 있다. 생물들

은 전기화학적인 신진대사를 하고 있는데, 이를 이용하면 미생물전지

(microbial cell)를 만들 수 있다. 이러한 생물학적인 전기 생산 아이디어는

1911년 포터(M. C. Potter)의 연구에 의해 알려졌다. 미생물 연료 전지는

연료 전지와 마찬가지로 유기물이 분해될 때 전자가 방출되는 현상을

이용한 것이다.

슈와넬라균처럼 전자를 방출하는 미생물을 이용하면 미생물 연료 전

지를 만들 수 있다. 물론 미생물의 먹이로는 수소와 산소를 공급하는 것

이 아니라 탄수화물이나 단백질, 셀룰로오스 같은 유기물을 공급해준

다. 이러한 유기물은 폐수 속에 풍부하므로 미생물을 잘 활용하면 폐수

처리 과정에서 전기를 생산하는 일석이조의 효과를 얻을 수 있다.

하지만 아직까지 미생물 연료 전지는 전력 밀도가 충분히 높지 않다.

실용화를 위해서는 효율이 좋은 미생물이 필요하다. 그래서 미생물 연료

전지 연구자들은 알맞은 미생물을 찾으려고 하수처리장의 냄새나는 슬러지나 하천이나 호수의 퇴적물 속을 뒤지고 다닌다. 언젠가 효율 좋은 미생물이 등장하면 환경과 에너지 문제를 모두 해결할지도 모를 일이다.

## ✚ 볼타 전지와 다니엘 전지

묽은 황산에 아연판과 구리판을 담근 후 도선으로 연결한 것이 볼타 전지다. 이 온화 경향이 큰 아연은 산화되어 전자를 내놓기 때문에 (-)극이 되고, 이온화 경향이 작은 구리판에서는 수소 이온이 환원되어 수소기체가 되는 환원반응이 일어나므로 (+)극이 된다. 하지만 볼타 전지는 수소기체가 구리판에 달라붙는 분극현상으로 빠르게 전압이 떨어진다. 이런 단점을 보완한 것이 다니엘 전지다. 다니엘 전지는 아연은 황산아연 수용액, 구리는 황산구리 수용액에 각각 담근 후 두 통을 염다리로 연결해 폐회로가 구성되도록 만든 것이다. 아연이 산화되고 구리가 환원되더라도 염다리를 통해 이온이 이동하면서 전하의 균형을 맞춰준다.

## ✚ 리튬 전지와 리튬 이온 전지

리튬 전지는 1차 전지, 리튬 이온 전지는 2차 전지다. 두 전지는 이름이 비슷하지만 전혀 다르다. 리튬 전지는 전해질에 금속 리튬[(-)극]과 이산화망간[(+)극]을 넣어 만든다. 리튬 전지는 리튬을 사용하므로 전압이 다를 뿐 일반 건전지와 비슷하다. 리튬 이온 전지는 방전될 때 리튬이 리튬 이온으로 산화되어 전자를 내놓으면서 기전력이 생기는 현상을 이용한다. 전기를 연결하여 충전하면 리튬 이온이 전자를 얻어 환원되어 리튬이 된다. 리튬 이온 전지는 이렇게 충전과 방전을 반복할 수 있다.

**더 읽어봅시다**

뉴턴프레스의 『전력과 미래의 에너지』
뉴턴프레스의 『태양광 발전』

# 세상을
# 끌어당긴
# 자석

**· 영구 자석에서 전자석까지 ·**

오른나사의 법칙, 전자기 유도 현상, 자기 쌍극자, 자기 모멘트, 초전도체

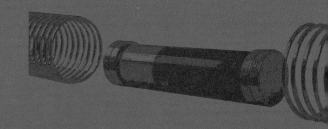

〈터미네이터 제니시스(Terminator Genisys)〉에는 순식간에 작게 분해되었다가 조립되는 나노 터미네이터 T-3000이 등장한다. 최강이라고 믿었던 액체금속 터미네이터 T-1000도 나노 터미네이터에 비하면 우습게 보일 정도다. 이렇게 강력한 로봇이기에 이제는 늙은(?) 원조 터미네이터 T-800이 상대하기에는 역부족이다. 위기 상황에서 T-800을 구해준 것은 병원의 MRI였다. 이는 〈터미네이터 3(Terminator 3: Rise of the Machines)〉에서 미래의 인류 저항군 지도자 존 코너가 터미네이터 T-X에게서 벗어날 때 입자가속기를 가동시킨 것을 오마주한 장면이다. 이 두 장면에서 아무리 강력한 로봇도 자석 앞에서는 어쩔 수 없다는 묘한 깨달음을 얻게 된다. 지금부터 세상을 끌어당긴 신비로운 자석의 세계로 떠나보자.

## 서로 사랑하는 돌

철을 끌어당기는 신비한 돌의 존재는 기원전부터 사람들에게 알려져 있

올멕 문명의 유물

● 올멕 문명 기원전 12세기에서 기원후 2세기경을 전후로, 멕시코 동쪽 멕시코만을 중심으로 발달한 문명. 중앙아메리카 지역에서는 가장 오래된 문명이다. '올멕'은 원주민 언어인 나우아틀어로, '고무가 나는 곳에서 사는 사람들'이라는 뜻이다.

있다. 특히 기원전 7세기경 마케도니아의 마그네시아(Magnesia) 지방은 천연 자석이 많이 발견되기로 유명했다. 그래서 고대 그리스에서는 '마그네시아의 돌'이라는 의미로 자석을 'magnet'이라고 불렀다. 고대 중국의 한(漢)나라에서는 자석(磁石)을 '자석(慈石)'이라 표기하기도 했는데, 이것은 어머니가 자식을 사랑하듯[慈] 돌[石]이 쇠를 끌어당긴다는 뜻에서 붙여진 이름이다.

어쨌건 그동안은 고대 그리스와 중국에서 자석을 가장 먼저 사용했다고 알려져 있었다. 하지만 최근에는 고대 멕시코의 올멕(Olmec) 문명● 유적지에서 발견된 '올멕의 막대'라고 불리는 유물이 자철석을 이용해 만든 최초의 나침반이라는 주장도 있다. 기원전 1400년경의 것으로, 단순히 특정 위치를 찾는 데 사용한 것인지 자기 나침반으로 사용한 것인지는 명확하지 않다.

최초의 자기 나침반 발명에 대한 논란이 있다 해도 인류 역사에 영향을 준 것은 분명 '중국의 나침반'이다. 지남철이 나침반이라는 의미로도 사용되므로 지남차(指南車) 역시 자석과 관련 있을 것이라 오해하기 쉽다. 하지만 현재로서는 그럴 가능성이 거의 없다. 후한 시대에 장형이라는 과학자가 만든 지남차는 전장에서 방향을 찾기 위해 만든 정교한 기계 장치일 뿐, 자석을 사용하지는 않았다.

2세기경 중국에서는 편평한 판에 숟가락을 올려놓은 듯한 모양의 '사

사남 나침반

남(司南)'이라는 자석 나침반을 만들어 사용했다고 전해 진다. 이러한 나침반은 13세기경 중동을 거쳐 유럽으로 전해졌다. 중국인들은 나침반의 성질과 특징을 잘 알고 있었지만, 중화사상에 고취되어 정화의 남해 원정* 이후 대양 항해를 포기하는 바람에 나침반에 대한 연구가 더 이상 이루어지지 않았다.

● **남해 원정** 명(明)나라 황제 영락제의 명령에 따라 환관 정화가 7차에 걸쳐 원정에 나섰다. 그는 대형 함선 60여 척, 소형 함선 100여 척, 2만 7,000여 명의 병사와 선원을 거느리고 동남아시아, 인도, 아프리카 동쪽 해안까지 진출하여 명의 국력을 과시하였다.

이와 달리 뒤늦게 나침반을 접한 유럽은 자석을 과학적으로 탐구했다. 대표적인 인물이 영국 엘리자베스 여왕의 주치의이자 물리학자인 윌리엄 길버트(William Gilbert, 1544~1603)이다. '자기학의 아버지'라 불리는 길버트는 갈릴레이와 최초의 과학자 자리를 놓고 겨룰 정도로 뛰어난 인물로, 과학에 실험을 적극 도입한 것으로 유명하다. 그는 실험을 통해 마늘과 자석은 아무런 상관이 없으며, 자석을 가열하면 자기력이

세상을 끌어당긴 자석

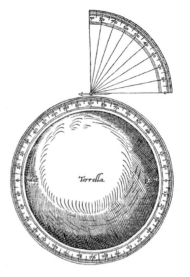

(왼쪽)윌리엄 길버트, (오른쪽)테렐라

강해진다는 속설을 깨버리기도 했다.

　길버트의 가장 큰 성과는 지구 모양의 자석인 테렐라(Terrella)를 만들어 지구가 하나의 자석이라는 사실을 알아낸 것이다. 더 나아가 철저하고 완벽한 실험과 탐구를 거쳐, 나침반의 바늘이 가리키는 방향이 정확한 북쪽과 남쪽이 아니라는 사실을 밝히기도 했다. 이렇게 다양한 실험을 통해 알아낸 사실을 1600년에 『자석에 관하여(De Magnete)』라는 책으로 펴냈다. 그의 지구 자기장에 대한 연구 덕분에 선원들이 나침반을 가지고 대양 항해를 할 수 있었다.

## 전기 문명을 탄생시킨 자석

길버트는 지구 자기장이 존재한다는 사실은 알았지만 자석이 자기장을

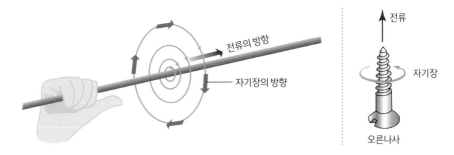

앙페르의 오른나사의 법칙은 직선 전류에 의해 형성되는 자기장의 방향을 알려준다.

만드는 이유는 알지 못했다. 그 비밀을 풀 열쇠는 엉뚱하게도 전기 연구에서 나왔다. 19세기에 접어들면서 전기 연구는 1800년에 발명된 볼타전지 덕분에 활기를 띠게 되었다. 그러던 중 1820년 덴마크 물리학자 외르스테드는 전류가 흐르는 전선 주변에서 나침반 바늘이 움직인다는 사실을 우연히 발견했다. 나침반은 자기장에 의해 움직이므로, 이는 전기와 자기의 관련성을 알려주는 중요한 단서가 되었다.

전하의 흐름(전류)이 자기장을 형성한다는 것을 알려준 이 현상을, 1822년에 프랑스 물리학자 앙페르가 '오른나사의 법칙'으로 체계화시켰다.

전기와 자기가 관련 있다는 사실을 알게 된 과학자들은 자석을 이용해 전류를 만드는 실험을 했다. 이에 전류가 흐르는 도선 주변에서 자기장이 형성된다는 것을 쉽게 알 수 있었지만, 도무지 자석으로는 전류를 만들 수가 없었다. 많은 실패 끝에 1831년 패러데이는 코일 주변에서 자석을 움직이면 전류가 유도되는 '전자기 유도 현상'을 발견했다. 즉 자석이 정지해 있으면 전류가 생기지 않고, 코일 주변에서 움직일 때(자기장

세상을 끌어당긴 자석

의 변화가 있을 때)만 코일에 유도 전류가 흘렀던 것이다.

패러데이는 자신의 발견이 얼마나 엄청난 것인지 몰랐지만, 그의 발견이 세상을 변화시키는 데는 그리 오랜 시간이 걸리지 않았다. 패러데이가 죽기 1년 전인 1866년, 독일의 지멘스사(社)가 실용적인 대형 발전기를 발명함으로써 드디어 인류가 일상에서 전기를 사용할 수 있게 되었다. 오늘날 화력이나 수력, 풍력, 원자력 등 발전소를 구분하는 기준은 자석을 움직이는 데 필요한 역학적 에너지를 얻는 방식에 따른 것이다. 즉 어떤 방식의 발전소이든 그 기본적인 구조는 대형 자석이나 코일을 움직여 전기를 얻게 되어 있다.

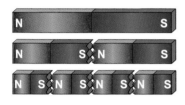

20세기에 접어들어 원자의 구조를 알아내고 양자역학이 발달하면서, 자석이 자기장을 형성하는 이유가 밝혀졌다. 물질이 자성을 갖는 이유는 바로 원자핵 주위를 공전하는 전자 때문이라는 것이다. 원자는 원자핵과 그 주변을 돌고 있는 전자로 구성되어 있다. 앙페르의 오른나사의 법칙에 따르면, 원자핵 주위를 돌고 있는 전자에 의해 자기장이 형성된다. 따라서 모든 원자는 하나의 원자 자석이라고 볼 수 있다.

자석은 항상 N극과 S극을 동시에 지니는 '자기 쌍극자'다. 자기 쌍극자에는 자기장 속에 두면 회전하여 자기장에 나란하게 되려고 하는 힘이 작용하는데 이를 '자기 모멘트'라고 한다. 즉 전자에 의한 자기 모멘트 때문에 물질의 자성이 나타나는 것이다.

전자에 의해 자기 모멘트가 나타난다면 전자 수가 많을수록 더 강한 자성을 띠어야 하겠지만 사실은 그렇지 않다. 이는 원자가 가진 전자의 공전 방향이 제각기 다르기 때문이다. 만일 2개의 전자가 같은 평면에서 반대 방향으로 회전하면 서로 반대 방향인 자기 모멘트로 인해 자기장은 정확히 상쇄된다.

하지만 원자 내의 전자는 모두 동일한 평면 궤도를 도는 것이 아니라 다양한 궤도를 따라 움직인다. 따라서 원자가 나타내는 자기장은 모든 전자가 만든 자기 모멘트의 합(방향성이 있어 정확하게는 벡터 합이다)과 거의 같다. 결국 자기장이 상쇄되지 않게 회전하는 전자 수가 많을수록 자기적 성질이 강한 물질이 된다. 이를 '강자성체'라고 하는데 철이나 니켈, 코발트가 여기에 속한다.

## 공중 부양 개구리와 터미네이터

철은 강자성체이지만 대부분의 경우에는 자성을 띠지 않는다. 못과 같이 철로 만든 물건들이 자성을 띠지 않는 이유는, '자기 구역(magnetic domain)'● 안의 철 원자들은 일정하게 배열되어 있어 자성을 띠지만, 자기 구역 자체는 무질서하게 배열되어 있기 때문이다.

● 자기 구역 강자성체의 결정 안에서, 자화(자성을 띠는 현상)를 구성하는 단위가 되는 영역. 곧 자화의 방향이 서로 다르게 나뉜 영역을 말한다.

이때 자석을 가까이 가져가면 자기 구역들이 일정한 방향으로 정렬되고, 못은 순간적으로 자성을 띤다. 그래서 일시적으로 자석이 된 못이 자석에 붙는 것이다. 자석을 멀리하면 자기 구역들이 다시 무질서하게 배열되면서 못은 자성을 잃는다. 결국 자기 구역들이 일

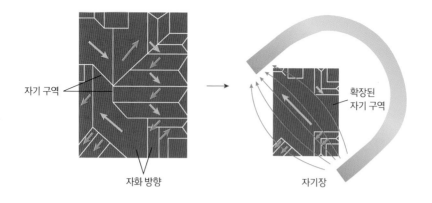

자기 구역

확장된
자기 구역

자화 방향

자기장

정하게 정렬된 것이 자석이라는 의미다.

그러나 아무리 영구 자석이라도 자성은 그 이름처럼 영원하지 않다. 자석은 가열하면 자성을 잃어버린다. 온도가 높을수록 원자가 더 활발하게 진동하여 무질서해지기 때문이다. 이처럼 열에너지에 의해 자석이 자성을 잃는 온도를 '퀴리 온도'라고 한다. 퀴리 온도는 마리 퀴리(Marie Curie, 1867~1934)의 이름을 딴 것이라고 생각하기 쉽지만, 사실은 남편

퀴리 부부

인 피에르 퀴리(Pierre Curie, 1859~1906)의 이름을 딴 것이다. 퀴리 온도는 물질에 따라 달라서 용도에 맞게 여러 가지 자석이 사용된다.

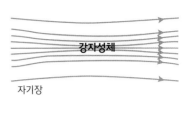
강자성체
자기장

강자성체 외의 물질도 자석에 반응한다. 그런데 초등학교 때 자석에 붙는 물질과 붙지 않는 물질을 구분했던 것을 떠올려 보면 알 수 있듯이, 강자성체 외의 물질은 자석에 아주 약하게 반응한다. 자석에 약하게 끌리는 물질을 '상자성체', 자석에 밀려나는 물질을 '반자성체'라고 한다.

상자성체
자기장

반자성체
자기장

특히 흥미로운 것은 반자성체다. 대표적인 반자성체인 물의 경우, 강한 자석을 가까이 가져가면 밀려난다. 이를 이용해 덴마크 라드바우드대학의 안드레 가임(Andre Geim)과 브리스틀대학의 마이클 베리(Michael Berry)는 16T(테슬라)나 되는 엄청난 자기장을 이용해 살아 있는 개구리를 공중 부양시켰다. 두 사람은 이 실험에 대한 공로(?)를 인정받아 2000년에 이그노벨상(Ig Nobel Prize)*을 받기도 했다.

원자 속에는 전자 말고도 전하를 가진 것이 또 있다. 바로 양성자로, 양성자도 자기 모멘트를 가지고 있다. 물론 양성자는 전자처럼 공전을 하지 않고 자전(스핀 운동)을 통해 자기장을 만들어낸다. 재미있는 사실은 전기적으로 중성인 중성자도 자기 모멘트를 가지고 있다는 점

● **이그노벨상** '불명예스러운(ignoble)'과 '노벨상(Nobel Prize)'의 합성어로, 과학 유머 잡지 《황당무계연구 연보》가 1991년에 제정한 상이다. 매년 노벨상 발표에 앞서 불명예스러운 업적이나 재미있고 엉뚱한 과학적 업적을 이룬 연구진에게 주는 상이다.

세상을 끌어당긴 자석

이다. 중성자를 구성하는 쿼크가 전하를 가지기 때문이다. 이렇게 원자핵을 구성하는 양성자와 중성자가 만드는 자기 모멘트를 '핵자기'라고 한다.

양성자와 중성자가 짝수로 있을 때는 서로 반대 방향으로 회전하여 자기장이 상쇄된다. 하지만 수소 원자핵과 같이 홀수로 있는 원자들은 핵이 자기적 성질을 나타내는데, 이를 이용한 것이 '자기 공명 영상 장치(MRI, Magnetic Resonance Imaging)'다. MRI는 우리 몸에 가장 많이 분포하는 원자인 수소의 핵자기를 이용하여 몸의 상태를 진단하는 영상 장비다. 핵의 자기적 성질을 이용하기 때문에 강한 자석을 사용할수록 더 정밀한 영상을 얻을 수 있다.

〈터미네이터 제니시스〉에서 나노 터미네이터 T-3000이 MRI에 끌려와 붙어버리는 이유가 이 때문이다. 실제로 MRI실 안으로는 철이나 자석으로 된 물질의 반입을 엄격히 통제한다. 자칫 사고로 이어질 만큼 자기장이 세기 때문이다. 지구 자기장의 세기는 0.5G(가우스) 정도인데, MRI에 사용되는 자석은 15,000G, 즉 1.5T에 이른다. 흔히 MRI의 성능을 나타낼 때 1.5T급, 3.0T급이라는 말을 하는데, 이는 MRI에 사용되는 자석의 세기를 나타낸다.

MRI의 작동 원리는 간단하다. 우리 몸에 강한 자기장을 걸어주면 수소의 원자핵은 세차 운동을 한다. 팽이가 중력에 의해 쓰러지지 않고 회전축을 중심으로 빙글빙글 도는 것과 같은 원리다. 이때 라디오파를 쏘아주면 수소 원자핵이 이를 흡수했다가 다시 방출하는데, MRI는 이 신호를 검출하여 영상으로 만든다. 수소 원자핵은 특정 파장의 라디오파를 흡수, 방출하는 공명 현상을 일으킨다. 이런 이유로 '공명'이라는 이름이 붙은 것이다.

## 자기 부상 열차에서 핵융합 장치까지

MRI 장치처럼 강한 자기장이 필요한 경우에는 영구 자석이 아닌 전자석이 사용된다. 전자석은 전류와 코일 감은 수를 조절하면 원하는 만큼 강하게 만들 수 있기 때문이다. 물론 자기장의 세기를 증가시키기 위해 코일을 무작정 많이 감을 수는 없다. 또한 전류로 자기장의 세기를 조절할 때에도 전류가 너무 많이 흐르면 열이 심하게 발생해 코일이 녹아버릴 수도 있다. 그래서 MRI에는 NbTi(니오븀-타이타늄) 합금과 같은 초전도체를 사용한다.

초전도체는 물질의 전기 저항이 0이 되는 초전도 현상(superconductivity)을 일으키는 물질이다. 1911년 네덜란드 물리학자 오너스(H. K. Onnes, 1853~1926)가 온도 하강에 따른 금속의 전기 저항을 조사하던 중 영하 268.8℃로 내려간 수은의 저항이 갑자기 사라지는 현상을 발견하면서 알려졌다. 초전도체는 전기 저항이 0이기 때문에 한 번 전류를 공급하면 영원히 흐르게 된다.

초전도체의 또 다른 특성으로는 마이스

오너스

세상을 끌어당긴 자석

● 마이스너 효과 외부 자기
장을 걸었을 때 초전도체 내
부의 자기장이 완전히 없어
지는 현상.

● 로런츠 힘 전기장과 자기
장 속을 운동하는 대전 입자
에 작용하는 힘. 움직이는
속도 방향과 자기장의 방향
에 모두 수직인 방향으로 힘
을 받는다.

● PET 양전자를 방출하는
방사성 의약품을 이용하여
인체에 대한 생리 화학적 ·
기능적 영상을 3차원으로
얻는 핵의학 영상법.

너 효과(Meissner effect)●를 일으킨다는 점을 들 수 있다. 마이스너 효과는 초전도체가 완전 반자성체이기에 일어나는 현상이다. 자석을 초전도체 위에 놓으면, 초전도체는 자기장을 배척하기 때문에 자석이 공중 부양하게 된다. 이런 특성을 이용해, 초전도체는 무거운 자성체를 공중에 띄워야 하는 자기 부상 열차나 초전도 모터 등에 사용된다. 하지만 아직까지 초전도체를 일상생활에서 접하기는 쉽지 않다. 고온 초전도체조차 액체질소 온도인 영하 196℃ 부근이 되어야 초전도 현상을 나타내기 때문이다. 2023년 8월 국내 연구진은 상온 초전체인 'LK-99'를 발견했다고 발표해 세계를 깜짝 놀라게 했다. 하지만 아쉽게도 후속 연구에서 이 물질이 상온 초전도체라는 증거가 발견되지는 않았다. 지금도 전 세계 연구소에서는 '꿈의 물질'이라고 불리는 상온 초전도체를 찾기 위해 많은 노력을 기울이고 있다. 만일 상온 초전도체가 만들어지면 에너지나 교통 문제 해결에 큰 도움이 될 것이다.

〈터미네이터 3〉에서 터미네이터 T-X를 끌어당긴 것은 입자가속기였다. 입자가속기는 '로런츠 힘(Lorentz force)'●을 이용해 대전 입자를 가속하는 장치를 말한다. 병원에서 의료용 방사성 동위원소를 만들 때 사용하는 사이클로트론(cyclotron)도 입자가속기다. 사이클로트론은 강한 자기장 속에서 이온을 원운동시킨 뒤 교류전압을 걸어주어 입자의 속력을 증가시킨다. 이렇게 만든 이온빔을 물질에 충돌시켜 만든 동위원소를 양전자 단층 촬영(Positron Emission Tomography, PET)●에 이용하거나 암

사이클로트론

오로라

치료에도 사용한다.

한편 극지방에서 볼 수 있는 아름다운 오로라도 로런츠 힘을 받아 생기는 현상이다. 태양에서 날아온 대전 입자(전기를 띠고 있는 입자)가 지구 자기장에 이끌려 대기로 진입하여 공기 분자와 충돌하면서 아름다운 오로라를 만든다.

자석이 거창한 첨단 산업에만 사용되는 것은 아니다. 장난감이나 마이크와 스피커뿐 아니라 광고물 뒷면의 고무자석이나 가방의 자석 단추에 이르기까지 일상에서 편리하게 사용된다. 또한 자석은 식품이나 의약품, 재활용 산업에서 금속 불순물을 분리하거나 환경오염 물질을 제거하는 데도 이용되고 있다. 심지어 소에게 자석을 먹여서, 소가 풀과 함께 먹은 금속 이물질을 제거하는 데에도 쓴다. 이처럼 자석이 너무 흔하게 사용되다 보니 자석이 사용된 곳을 찾는 것보다 사용되지 않는 곳을 찾는 것이 더 빠를 정도다.

## ✛ 핵자기를 측정하는 MRI

자기 공명 영상인 MRI는 개발되었을 당시에는 NMR - CT(Nuclear Magnetic Resonance Computed Tomography), 즉 핵자기 공명 컴퓨터 단층 촬영이라 불렸다. 이는 MRI가 수소 원자핵의 자기적 성질을 이용해 영상을 보여주기 때문이다. MRI는 X선-CT와 달리 방사선과 전혀 상관없지만 원자핵의 부정적 이미지 때문에 NMR - CT 대신 MRI라는 명칭을 사용한다. CT라는 말은 컴퓨터로 신체의 단면이나 조각을 조합한 영상을 보여준다는 의미다. 이때 단층 촬영에 사용하는 자기장, 초음파, X선, 전자기파 등에 따라 구분한 것뿐이다.

## ✛ 자기력과 로런츠 힘

자기장 속에서 전류가 흐르는 도선은 힘을 받는데, 이 힘을 자기력이라고 한다. 마찬가지로 자기장 속에서 운동하는 대전입자도 힘을 받는데, 이 힘은 로런츠 힘이라고 한다. 자기력은 자기장과 전류의 세기가 셀수록, 자기장 속에 있는 도선의 길이가 길수록 크다. 로런츠 힘은 전하량이 많고, 전하의 속력이 빠르고 자기장이 셀수록 크다. 대전입자는 자기장과 수직일 때 가장 큰 힘을 받고 자기장과 나란한 방향일 때는 아무런 힘도 받지 않는다.

**더 읽어봅시다**

리처드 파인만의 『파인만의 물리학 강의 Volume 3』
정완상의 『길버트가 들려주는 자석 이야기』

# 비행기와
# 경쟁하는
# 기차

**· 증기 기관차에서 튜브 트레인까지 ·**

가속도, 마찰계수, 자기 부상 열차, 초전도 자석, 인력과 척력, 튜브 트레인

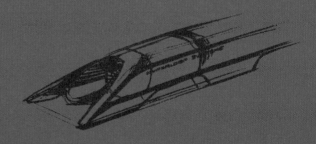

기차가 서지 않는 역이 늘어나면서, 아무나 쉽게 갈 수 없는 간이역이 사람들의 추억과 향수, 낭만을 자극하는 소재가 되었다. 아름다운 간이역 풍경을 사진에 담기도 하고, 문화재가 된 역사(驛舍)를 살펴보는 등 간이역을 찾아 여행을 떠나는 사람들도 많아지고 있다. 그렇다면 요즘 간이역에는 왜 기차가 서지 않는 것일까? 기차의 과거와 미래를 살펴보며 그 궁금증을 풀어보자.

## 기차가 서지 않는 간이역

1830년대 증기 기관차가 상용화되어 운행하기 시작했을 때 평균 속도는 20km/h 정도에 불과했다. 하지만 19세기 말 속도 경쟁 시대에 돌입하면서 증기 기관차의 속도는 비약적으로 향상되었다. 〈은하철도 999〉*와 비슷한 이름의 '엠파이어스테이트특급 999호'는 1893년에 증기 기관차로는 경이적인 속도인 181km/h로 달렸으며, 1930년대 후반에는 240톤의

증기기관차

88평화기차

객차를 견인하면서도 200km/h 이상의 속도를 내
는 증기 기관차가 나오기도 했다. 물론 이러한 기차
들의 속도는 실제 운행 속도가 아니라 시험 속도이
거나 특정 구간에서만 나오는 최고 속도였다. 계속
되는 속도 경쟁에서도 고속열차가 등장하기 전까지
이 속도는 크게 향상되지 못했다.

기차가 속도를 쉽게 향상시킬 수 없었던 가장 큰 이유
는 거대한 덩치 때문이다. 물론 덩치가 크다고 무조건 빠
르게 달리기 어려운 것은 아니다. 가속도는 힘의 크기에
비례하고 질량에 반비례($a=\dfrac{F}{m}$)하기 때문에, 기차의 질
량이 크더라도 힘의 크기만 충분하면 얼마든지 속도를
높일 수 있다. 즉 거대한 엔진을 가진 기관차는 가속할
수 있는 시간이 충분한 장거리 직선 구간에서 훨씬 빨리

● 은하철도 999 〈은하철도
999〉에서 '999'라는 숫자의
의미에 대해서는 여러 가지
견해가 있다. 그중 하나는
소년의 성장을 그린 이 만화
에서 '1000 = 어른'을 뜻하
기 때문에, '어른'이 되기 직
전 소년의 마지막 여행 이야
기에 '999'라는 숫자를 붙였
다는 것이다. 한편 '엠파이어
스테이트특급 999'에서 따
왔다는 의견도 있다.

달리게 된다. 따라서 정차할 간이역이 많으면 가속한 시간이 적어 그만
큼 평균 속도는 줄어들 수밖에 없다. 우리나라에서 1967년부터 2000년
까지 운행된 비둘기호가 서울에서 부산까지 12시간이나 걸렸던 이유도
여기에 있다. 모든 역에 정차하는 완행열차 비둘기호는 짧은 역 간격으
로 인해 충분히 가속할 수 없었고 감속하는 데도 시간이 많이 소요되어
느릴 수밖에 없었다.

물론 기차의 거대한 엔진이 엄청난 힘을 발휘하면 순간적으로 가속도
를 크게 높일 수 있다고 여기기도 한다. 하지만 기차 바퀴와 철로는 쇠
로 만들어진 까닭에 마찰계수가 작아, 큰 힘으로 바퀴를 회전시키면 바

비행기와 경쟁하는 기차

퀴가 철로에서 미끄러지게 된다. 그래서 기차에 타고 있는 승객들이 기차가 움직이고 있다는 사실을 잘 느끼지 못할 정도로, 얼음판을 미끄러지듯이 서서히 출발한다. 또한 마찰계수가 작아 정지하기도 어려워, 기차는 역에 들어서기 한참 전부터 조금씩 속력을 줄여야 한다. 급박한 상황이 생기더라도 쉽게 속력을 줄일 수 없어 안전띠도 없다. 곰곰이 생각해보면 기차 여행을 하면서 안전띠를 매본 경험이 없을 것이다. 이는 기차가 사고에 무방비 상태로 노출되어 있기 때문이 아니라, 빨리 멈출 수 없어 승객에게 가해지는 충격이 작기 때문이다.

이러한 단점을 보완한 한국철도기술연구원(KRRI)의 동력 분산형 고속열차 해무(HEMU-430X)는 2013년 시속 421킬로미터까지 냈다. 이 열차는 동력이 두 대의 기관차(Push-Pull)에 집중된 기존 기차와 달리, 여러 대의 동차로 나누어진 것이 특징이다. 즉 동력이 여러 대로 나누어져 힘을 분산시키기 때문에, 철로에서 미끄러지지 않고 더욱 큰 힘이 받아 빠르게 달릴 수 있었다.

## 속도를 발명하다

기차와 관련된 한 가지 재미있는 사실은 이 같은 속도 경쟁 덕에 세계 표준시가 정해졌다는 점이다. 19세기까지 시간은 그 지방의 태양시를 의미했다. 태양시는 태양의 남중 고도를 기준으로 정하는 시간으로, 지역마다 차이가 있었지만 사람들은 크게 불편함을 느끼지 않았다. 그 이유는 당시 사람들이 자신의 생활권을 벗어나는 일이 드물었고, 배를 타고 장시간 여행을 한 뒤에는 새롭게 그 지역의 태양시에 맞춰 시계를 조정해 사용하면 되었기 때문이다. 하지만 19세기 후반에 엄청난 속도로 달리는 증기 기관차가 등장하면서 지역마다 다른 태양시가 큰 문제로 떠올랐다. 특히 미국에서는 철도만의 표준시를 정해서 사용하는 바람에 철도 시간과 지역의 시간이 달라, 장거리 여행객은 하루에도 몇 번씩 시계를 맞춰야 했다.

이런 문제를 해결하기 위해 1883년 철도 회사들은 미국 전역을 5개의 권역으로 나누어 표준시를 정하는 데 합의했다. 이를 기초로 1884년 미국 의회에서는 각국 대표들을 초청해, 영국 그리니치 천문대를 기준으로 경도 15도마다 1시간씩 시간을 변경하는 세계 표준시를 제정하게 된다. 이렇듯 기차는 시간과 밀접한 관련이 있고, 중요한 역에는 어김없이 커다란 시계탑이 서 있어 철도 승객들이 시간을 고칠 수 있도록 배려했다. 한편 학생들에게는 공기만큼이나 자연스러운 '시간표(timetable)'라는 말도 빠르게 달리는 기차를 효율적으로 관리하기 위해 이때 생겨난 것이다.

어쨌든 증기 기관차에서 시작된 속도 경쟁은 오늘날까지도 이어지고 있다. 세계에서 가장 빠른 기차 기록은 2015년 일본의 자기 부상 열차(SCMaglev)가 세운 603km/h이다. 자기 부상 열차가 아니라 일반 열차 중에서는 2007년 프랑스의 테제베(TGV)가 574.8km/h라는 기

(CC) SeeSchloss
테제베

비행기와 경쟁하는 기차

록을 세웠다. 우리나라도 세계에서 4번째 속도기록을 가지고 있으며, 400km/h 이상의 초고속 열차를 상용화하기 위해 노력하고 있다. 하지만 이는 최고 속도일 뿐 대부분의 고속열차는 300km/h 정도로 운행한다. 300km/h 이상에서는 마찰계수가 급격하게 줄어들어 바퀴가 레일 위에서 헛돌 수 있고, 이렇게 빠른 속력으로 레일과 철륜(鐵輪, 쇠로 만든 바퀴)이 접촉하면 손상이 심하게 발생하는 등 탈선의 위험이 높아지기 때문이다. 그래서 이러한 문제의 대안으로 고려되는 것이 에어로 트레인(aerotrain, 프로펠러 추진식 공기 부상 고속열차)이 자기 부상 열차와 같이 바퀴를 사용하지 않는 기차다.

에어로 트레인과 자기 부상 열차는 레일과 접촉하지 않고 공중에 떠서 가기 때문에 마찰에 의한 문제가 발생하지 않는다. 에어로 트레인이라고 영화 〈터미널 스피드(Terminal Velocity)〉에서 볼 수 있었던 제트 엔진을 장착한 기차처럼 생긴 건 아니다. 실제로 제트 엔진을 장착한 제트 트레인이 등장하긴 했지만, 이러한 발명품은 단지 최고 속도를 내기 위한 것일 뿐 상용화를 위한 것은 아니다. 최근 연구되는 비행기와 기차의 하이브리드 형태인 에어로 트레인은 제트 트레인과 달리 자기 부상 열차에 날개가 있어 비행기처럼 레일 위를 날아간다. 열차에 달린 날개에서 발생하는 양력*을 이용한 것이다. 2018년에는 러시아의 발명가가 플라잉 트레인(Flying train)이라는 선로에 연결된 비행하는 기차 영상을 공개해 주목을 끌기도 했다.

● 양력 유체 속을 운동하는 물체에 운동 방향과 수직 방향으로 작용하는 힘. 비행기는 날개에서 생기는 이 힘에 의하여 공중을 날 수 있다.

## 라퓨타와 자기 부상 열차

조너선 스위프트(Jonathan Swift)의 풍자소설 『걸리버 여행기』(1726)에는 하늘을 날아다니는 섬 '라퓨타'에 대한 이야기가 나온다. 라퓨타가 하늘을 떠돌 수 있는 이유는 천연 자석 덕분이다. 천연 자석이 라퓨타를 공중 부양시켜 이곳에서 저곳으로 이동할 수 있게 도와준다. 자석을 이용해 거대한 섬을 하늘로 띄운다는 것이 소설 속 허황된 이야기로 들리겠지만 완전히 불가능한 일은 아니다. 자기 부상 열차도 자석의 힘으로 거대한 열차를 공중에 띄우기 때문이다.

자기 부상 열차라고 하면 일반적으로 초전도 자석● 을 사용한 초고속 열차를 생각하기 쉽다. 하지만 모든 자기 부상 열차가 그런 것은 아니다. 자기 부상 열차는 '도시형 중저속 자기 부상 열차'와 '도시 간 초고속 자기 부상

● 초전도 자석 초전도체의 코일에 전류가 흐르게 해 적은 전력으로 아주 센 자기장을 얻을 수 있게 한 전자석. 초전도체란 매우 낮은 온도에서 전기 저항이 0에 가까워지는 초전도 현상이 나타나는 도체를 말한다.(참고: 자석)

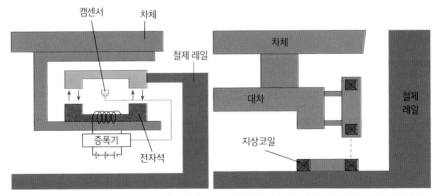

자기 부상 열차는 자기 부상 방식에 따라 흡입식(왼쪽)과 반발식으로 나눈다.

비행기와 경쟁하는 기차

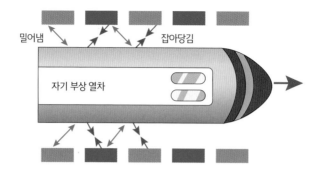

밀어냄　　　　　　　　잡아당김

자기 부상 열차

열차'로 구분된다. 2016년 우리나라는 일본에 이어 세계 2번째로 인천 공항 교통 센터역에서 용유역까지 6.1킬로미터를 110km/h로 달리는 도시형 자기 부상 열차를 개통해 운행 중이다.

도시형 자기 부상 열차는 강력한 전자석을 이용하는 '상전도 흡인식'*이라는 방식으로 열차를 공중 부양시킨다. 상전도 흡인식에서는 일반적으로 생각하는 자석의 같은 극끼리 밀어내는 척력이 아니라, 자석과 금속 사이에 작용하는 '인력'을 이용해 열차를 공중에 띄운다. 서로 끌어당기는 힘인 인력을 이용해 공중에 뜬다는 것이 선뜻 이해되지 않을 수도 있다. 하지만 그 원리는 의외로 간단하다. 열차에서 레일을 감싼 아랫부분에 전자석이 설치되어 있어, 전자석과 레일 사이에 끌어당기는 힘이 열차를 밀어 올려 공중에 뜨게 하는 것이다.

● 상전도 흡인식 레일과 함께 부설된 자성체의 자극을 유도(상전도)하여, 자석과 자성체 간의 인력을 이용하는 방식(흡인식)을 말한다.

이와 달리 열차 바닥에 있는 초전도 자석과 레일의 전자석 사이에 작용하는 '척력'을 이용해 열차를 뜨게 하는 도시 간 초고속 자기 부상 열차의 방식은 '초전도 반발식'이라 부른다. 두 방식 모두 열차가 공중에

뜬 뒤에는 전자석 사이에 작용하는 인력과 척력을 이용해 달리게 된다.

자기 부상 열차는 자기력으로 열차가 레일 위를 떠서 달리기 때문에, 레일과 마찰이 일어나지 않아 진동과 소음 없이 고속으로 달릴 수 있다는 장점이 있다. 하지만 이를 상용화한 나라는 별로 없다. 많은 장점에도 불구하고 자기 부상 열차를 쉽게 설치하지 못하는 데에는 경제적인 이유가 가장 크다. 자기 부상 열차는 바퀴를 사용하지 않기 때문에 기존의 레일을 이용할 수 없어 이를 모두 걷어내고 새로 부설해야 한다. 또한 초전도 자기 부상 열차의 경우에는 아직까지 실온 초전도체가 만들어지지 않아 초전도체의 가격이 비싸다는 것도 걸림돌이다.

따라서 현재 상용화된 자기 부상 열차로는 중국 상하이 도심과 푸둥 국제공항을 연결하는 초고속 자기 부상 열차, 일본과 우리나라의 도시형 중저속 자기 부상 열차만 있을 뿐, 아직 기존 철도를 대체한 나라는 없는 실정이다. 혹시나 하는 마음에 덧붙이자면, 우리나라 고속 열차인 KTX는 자기 부상 열차가 아니라 전기의 힘으로 가는 전기 기관차다. 빨리 달린다고 해서 무조건 자기 부상 열차로 착각해서는 안 된다.

## 기차의 경쟁자는 비행기

자동차의 속도 경쟁은 F1* 머신이 아니라면 도로에서는 더 이상 일어나지 않는다. 비행기 개발자들도 콩코드 여객기*의 실패 이후 대기권 내에서 초음속(소리의 속도보다

● **F1** '포뮬러(Formula) 1'의 약자로, FIA(국제자동차연맹)가 규정하는 세계 최고의 자동차 경주 대회를 말한다. 공식 명칭은 FIA 포뮬러 원 월드 챔피언십(FIA Formula One World Championship)이다. F1 머신, 곧 F1에서 달리는 자동차는 평균속도 150~200km/h를 넘나든다고 한다.

● **콩코드 여객기** 영국 · 프랑스가 함께 개발 · 제작한 초음속 여객기로 1969년에 첫 비행을 했다. 소음과 대기 오염, 사고 등 여러 가지 문제로 2003년 운항을 중단했다.

비행기와 경쟁하는 기차

빠른 속도)으로 날아가기 어렵다는 사실을 잘 알고 있다.

자동차나 비행기가 속도 경쟁에서 주춤하는 동안에도 기차의 무한 질주는 쉽게 끝날 기미가 보이지 않는다. 전기자동차 기업인 테슬라모터스를 설립한 일론 머스크(Elon Musk)는 시속 1,220킬로미터로 달리는 하이퍼루프(Hyperloop)라는 튜브 트레인(tube train, 튜브로 감싸인 철도의 궤도를 달리는 기차)을 제시해 사람들의 관심을 끌기도 했다. 이는 여객기 운항 속도가 시속 700~1,000킬로미터라는 것을 생각하면 비행기보다 빠른 속도다. 일부에서는 여러 가지 기술적 이유로 기차가 비행기보다 빠르게 달리는 일은 아주 먼 미래에나 가능한 이야기라고 단정 짓기도 하지만, 이미 우리나라를 비롯한 많은 나라가 튜브 트레인에 대한 연구를 진행 중이다.

튜브 트레인이 대기권 내에서 비행기만큼 빠르게 달릴 수 있는 이유는 진공 상태에 가까운 튜브 속을 달리기 때문이다. 하이퍼루프의 속도까지는 아니지만 2010년 한국철도기술연구원에서는 세계 최초로 실제 크기의 52분의 1에 해당하는 모형 튜브 트레인을 만들어 시속 684킬로미터로 달리게 하는 데 성공했다. 한편 아진공(亞眞空, 진공과 가까움) 튜브 속을 달리는 것의 매력은 단지 엄청난 속도에만 있지 않다. 공기 저항을 적게 받기 때문에 에너지 효율도 높일 수 있다.

튜브 트레인의 또 다른 장점은 튜브 속을 달리기 때문에 초고속으로 주행하면서도 안전성을 유지할 수 있는 것이다. 고속도로나 하늘에서는 로드킬(roadkill, 도로에서 자동차로 동물을 치어 죽임), 버드 스트라이크(bird strike, 항공기와 새의 충돌)와 같이 자동차 또는 비행기가 동물과 충돌해 사고로 이어지는 경우가 종종 발생한다. 콩코드 여객기의 경우 여러 가

일론 머스크는 시속 1,000킬로미터 이상으로 달리는 하이퍼루프라는 튜브 트레인을 제시해 사람들의 관심을 끌기도 했다.

지 문제가 생겨 운항을 중단했지만, 결정적인 이유는 활주로에서 튀어오른 금속 조각에 의해 폭발 사고가 발생하여 탑승객 전원이 사망하는 참사가 일어났기 때문이다. 초고속 열차는 펜스로 동물 출입을 막아서 자동차나 비행기보다는 안전하지만, 펜스를 넘어온 물체가 시속 400킬로미터 이상으로 달리는 열차에 부딪히면 상대속도에 의해 열차가 치명적인 손상을 입거나 사고가 발생할 수 있다. 하지만 튜브 트레인은 완벽하게 외부와 차단되어 있어서 속도를 향상시켜도 위험도가 높아지지 않는다.

튜브가 밀폐된 터널이라 대구 지하철 화재 참사●처럼 화재에 취약할 것 같지만 오히려 아진공 상태에서는 산소가 부족해 불이 번지기 어렵다는 점도 매력적이다. 열차에 불이 날 경우 신속하게 다른 객차로 이동한 뒤 화

● 대구 지하철 화재 참사
2003년 2월 18일 대구시 중앙로역에서 일어난 대형 지하철 화재 사고. 50대 남자가 저지른 방화로 인해 전동차 2대가 전소되는 등 큰 화재가 일어나, 192명이 사망하고 148명이 부상을 당했다.

비행기와 경쟁하는 기차

재가 난 객차의 문을 개방해버리면 어렵지 않게 화재를 진압할 수 있다. 또 튜브 트레인은 비행기만큼 빠르지만 전기를 사용하기 때문에 화석연료를 사용해야 하는 비행기보다 환경적으로 우위를 점할 수 있다는 장점도 있다. 머지않아 유라시아 초고속 튜브 트레인을 이용해 서울에서 아침을 먹고, 점심은 모스크바에서, 그리고 저녁은 파리에서 먹는 일이 가능한 날이 올지도 모르겠다.

## ➕ 표정속도와 평균속도

표정속도는 역과 역 사이의 이동거리를 걸린 시간으로 나눈 값이다. 평균속도가 선로상에서 운행하는 시간만 고려하는 것과 달리 표정속도는 역에서 정차하는 시간까지 포함된다. 따라서 실제로 승객이 느끼는 시간은 평균속도가 아니라 표정속도다. 평균속도를 높이기 위해서는 역과 역 사이의 거리가 멀고, 선로가 직선화되어 있어야 한다. 표정속도를 높이기 위해서는 여기에 역의 수도 줄여야 한다. 업계에서는 속도라고 표현하지만 사실은 선로를 따라 이동한 거리이므로 속력이라고 하는 것이 정확하다는 것쯤은 알고 있어야 한다!

## ➕ 정겨운 열차 소리의 비밀

열차를 타면 특유의 '덜컹덜컹' 하는 소리를 들을 수 있다. 이 덜컹거리는 소리는 기차 레일과 레일 사이의 이음새가 있어서 생기는 소리다. 이음새가 있으면 승차감도 떨어지고, 바퀴에도 충격이 생기지만 레일 사이에 간격을 둔 이유는 탈선을 막기 위해서다. 일반적으로 물질은 온도가 높아지면 길이나 부피가 늘어나는 열팽창 현상이 생긴다. 기다란 선로의 특성상 여름철에 온도가 올라가면 레일이 휘어지고 이로 인해 열차가 탈선하는 사고가 일어날 수 있어서 일정한 간격으로 틈을 둔다. 하지만 KTX와 같은 고속열차의 경우 틈으로 인한 충격이 크므로 레일을 길에 이어붙인 장대레일을 사용하고, 레일 사이는 신축 이음매를 설치한다. 또한 레일이 틀어지는 것을 막기 위해 체결장치로 침목에 강하게 고정시켜놓는다.

#### 더 읽어봅시다

미치오 카쿠의 『미래의 물리학』
한국과학문화재단의 『교양으로 읽는 과학의 모든 것 1』

비행기와 경쟁하는 기차

# 과거로 미래를
# 창조하는
# 정보 기록 장치

**· 벽화에서 자기 기록 장치까지 ·**

신호, 정보, 아날로그, 디지털, 강자성체, 앙페르의 법칙, 패러데이 법칙

영화 〈트랜센던스(Transcendence)〉에는 인간의 뇌가 업로드된 인공지능 슈퍼컴퓨터가 등장한다. 이 슈퍼컴퓨터가 신의 능력에 비견될 수 있었던 것은 모든 인류의 지식을 가졌기 때문이다. 물론 아직까지 인간의 뇌를 완벽하게 스캔할 방법은 없고 뇌가 가진 정보를 컴퓨터로 업로드하는 일도 불가능하다. 또한 인간의 모든 지식을 가진다고 해서 전지(全知)하거나 전능(全能)해진다는 생각은 그 자체가 교만이다. 하지만 인류가 그 어느 때보다 많은 지식 정보를 보유하고 있다는 것은 분명하며, 이를 활용해 새로운 지식을 창출할 수 있게 되었다. 인류가 방대한 지식을 축적하는 데에는 정보 기록 장치가 큰 역할을 했다.

## 현재를 기록하다

자연에서 포식자(捕食者)는 어둠 속에서 바람을 안고 먹이를 향해 소리 없이 다가간다. 이러한 냉엄한 현실에서 외부 신호를 감지해 많은 정보

과거로 미래를 창조하는 정보 기록 장치

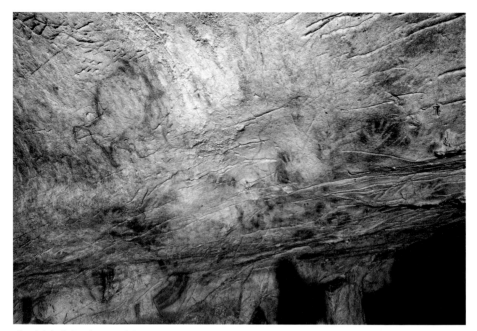

에스파냐의 엘 카스티요 동굴 벽화

쇼베 동굴 벽화

를 획득할 수 있는 능력은 생사를 가르는 중요한 기준이 된다. 인간을 비롯한 모든 생물은 주변의 신호를 감지하고 반응하며 살아간다. 신호의 형태는 빛이나 소리, 열, 압력, 전기와 자기, 힘 등 다양하다.

신호 속에 담겨 있는 유용한 내용을 '정보'라고 하며, 인간은 획득한 정보를 조합해 새로운 지식을 창조해내기도 한다. 이를 위해서는 정보를 저장하고 활용하는 뇌가 있어야 한다. 뇌의 저장 용량이 클수록 가치 있는 정보를 저장하는 데 유리하다. 인간은 꾸준히 피드백되는 과정을 거쳐 뇌 용량이 점차 커지는 방향으로 진화했다.

구석기시대에 이르자, 인간은 뇌의 발달과 함께 정보를 기록하여 다른 사람에게 전달할 수 있는 새로운 방법도 터득했다. 바로 벽에 그림을 그리는 것이었다. 에스파냐의 엘 카스티요나 프랑스의 쇼베 동굴 벽화처럼 유럽에서는 3만 년이 넘는 선사시대 유적들이 흔히 발견된다. 많은 학자가 인류의 조상이 사냥이나 생존을 위한 주술적 의도에서 그림을 그렸을 것이라고 추측하지만, 사실 정확한 이유는 알 길이 없다. 의도가 어찌되었건 분명한 점은 이 벽화를 그린 선사시대의 화가는 자신이 본 것이나 생각한 것을 동굴 벽에 기록해 다른 사람에게 전달했다는 것이다. 그래서 원시시대의 벽화는 단순히 원시인의 예술 작품에 그치지 않고, 기록을 통해 인류가 지식을 축적해나가는 '정보화 시대'의 서막을 알리는 시발점이 되었다.

동굴 벽화는 포함된 정보의 양이 많지 않아 별로 중요한 역할을 하지 못했겠지만, 문자가 등장해 이를 해독할 수 있는 자와 없는 자로 분리되면서 정보의 중요성은 더욱 커졌다. 고대 제사장들이 막강한 권력을 행

사할 수 있었던 중요한 이유 중 하나가 문자를 통해 그들 사이에서 비밀스럽게 전해 내려오는 정보가 존재했기 때문이다. 〈해리 포터〉나 〈반지의 제왕〉에서 마법 책에 적힌 주문을 읽어야 비로소 마법의 힘이 나타나는 것도 이러한 기원을 따른 것이라 할 수 있다.

## 종이와 인쇄술이 가져온 지식의 대중화

제사장이나 왕 못지않은 권력을 누린 사람들 중에 필경사(筆耕士)가 있다. 필경사는 읽고 쓰는 직업을 가진 사람들을 말하는데, 고대 이집트에서는 고위 관료가 될 수 있는 중요한 직업 가운데 하나였다. 복잡한 이집트 상형 문자를 읽고 쓰는 능력을 지닌 이들은 종교와 행정 분야 등에서 요직을 차지하고는 했다.

메소포타미아 문명의 기초를 닦은 수메르인들을 보아도 읽고 쓰는 것이 얼마나 중요한지 알 수 있다. 이미 4,000년 전에 그들은 설형 문자* 기록을 점토판

● 설형 문자 기원전 3000년경부터 약 3,000년간 메소포타미아를 중심으로 고대 오리엔트에서 광범위하게 쓰인 문자. 한자와 마찬가지로 회화 문자(그림 문자)에서 생긴 문자로, 점토 위에 갈대나 금속으로 새겼기 때문에 문자의 선이 쐐기 모양으로 보여 쐐기 문자라고도 한다.

에 적었다. 흥미로운 사실은 수메르인이 남긴 점토판의 대부분이 재산과 관련되었다는 점이다. 이는 수와 문자가 경제적 목적을 위해 발명되었을지도 모른다는 추측을 가능하게 한다. 그러니 동굴 벽화의 그림도 예술적 의미보다 그림 문자일 가능성이 높다. 즉 자신들이 사냥했

거나, 사냥하기 원하는 목록을 표시했을지도 모른다는 뜻이다.

어쨌건 최초의 정보 기록 매체는 동굴 벽이나 동물의 뼈 또는 껍질이었으며, 그림 문자가 등장하면서 수메르인은 점토판을 사용했다. 수메르의 점토판은 만들어진 지 수천 년이 지났지만 이후에 등장한 다른 저장 매체들보다 더 많이 남아 있다. 화재로 건물이 소실되더라도 점토판은 열에 구워져 더 단단해지기 때문이다.

점토판 다음에 등장한 것은 이집트의 파피루스(papyrus)이다. 파피루스는 이집트 나일 강에서 자생하던 풀의 일종으로, 당시 사람들은 파피루스의 껍질을 벗겨 가늘게 찢은 뒤 이를 엮어 말려 사용했다. 짐작했겠지만 종이를 뜻하는 'paper'는 파피루스가 어원이다. 파피루스는 점토판

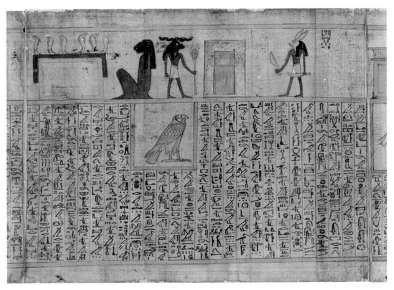

고대 이집트의 왕실 유모 바카이의 죽음에 관한 파피루스. 고대 이집트에서는 각종 문서를 파피루스로 만들었다.

과거로 미래를 창조하는 정보 기록 장치

구텐베르크와 인쇄 현장, 인쇄 도구

죽간

이나 돌에 비해 사용이 편리해 유럽까지 널리 알려졌다. 하지만 파피루스 생산을 관할하던 이집트 왕이 수출을 금지하자, 유럽에서는 양피지를 쓸 수밖에 없었다.

중국에서는 대나무를 엮어 만든 죽간을 사용하다가, 기원전 1세기 무렵부터 종이를 사용하기 시작했다. 종이는 채륜(蔡倫, ?~121?)이 105년에 발명했다고 알려졌지만, 그는 단지 향상된 기술로 더 좋은 품질의 종이를 만들어 황제에게 진상했을 뿐이다. 중국에서 발명된 종이는 제지 기술을 가진 당(唐)나라 병사가 아라비아에 포로로 잡히면서 이슬람 세계로 전해졌다. 그리고 이러한 제지술은 이슬람 문명을 통해 12세기경에 유럽까지 알려졌다. 종이가 전해진 뒤에도 유럽에서는 양피지에 일일이 글자를 써서 문서나 책을 만드는 경우가 많았다. 따라서 책은 여전히 매우 귀한 물건이었고, 모든 지식은 일부 특권층의 전유물일 수밖에 없었다.

이렇듯 일부 특권층에게 정보를 제공하던 문자는 인쇄술의 발명과 함께 인류 전체의 지식을 증가시키는 역할을 하게 된다. 1455년 독일의 구텐베르크(Johannes Gutenberg, 1397~1468)가 금속활자 인쇄술을 대중화시킨 덕분에, 종이는 저장 매체로서의 입지를 확실히 굳힐 수 있었다. 양피지로는 엄청난 양의 인쇄물을 감당할 수 없었던 것이다. 인쇄술이 등장한 뒤 책의 발행 권수와 종수가 폭발적으로 증가하여, 서적의 소지가 권력이 되지 않는 지식의 대중화가 이루어졌다. 그 뒤 지식의 대중화는 종

과거로 미래를 창조하는 정보 기록 장치

교혁명과 과학혁명을 이끌었고, 구텐베르크의 인쇄술은 세계 역사를 바꾼 발명품으로 인정받았다. 하지만 그보다 200년이나 앞선 우리의 금속 활자 인쇄술이 세계사에 한 획을 긋지 못하고, 조선 사회에서 유교 문화의 꽃을 피운 것으로 만족해야 한다는 사실은 참으로 아쉽다.

## 하늘 아래 새로운 것은 없다

인류가 모여 살기 시작하면서 정보가 중요하지 않았던 적은 한 번도 없었다. 그래서 역사를 돌이켜보면, 최악의 사상 탄압책으로 일컬어지는 진시황제(秦始皇帝, 기원전 259~기원전 210, 중국 진(秦)나라의 제1대 황제)의 분서갱유(焚書坑儒)●를 비롯해 크고 작은 정보의 통제와 장악이 끊임없이 이루어져왔다. 그런데 굳이 현대를 '정보의 시대'로 구분하는 것은 많은 정보를 디지털로 처리할 수 있게 되었기 때문이다.

● 분서갱유 중국 진나라의 시황제가 학자들의 정치적 비판을 막기 위하여 민간의 책 가운데 의약(醫藥), 복서(卜筮), 농업에 관한 것을 제외한 모든 서적을 불태우고 수많은 유생을 구덩이에 묻어 죽인 일.

디지털(digital)은 0과 1처럼 불연속적으로 변하는 값, 아날로그(analog)는 연속적으로 변하는 값을 말한다. 소리나 빛, 열처럼 우리가 경험하는 주변의 값들은 시간에 따른 연속적 변화를 나타낸다. 따라서 아날로그 신호를 그래프로 표현하면 부드러운 사인 곡선의 형태를 띤다. 디지털 신호의 경우에는 이산적인(불연속적인·단속적인) 값을 가지기 때문에 톱니파 모양으로 나타난다. 오늘날 디지털 신호를 많이 사용하는 이유는 아날로그 신호에 비해 노이즈에 강하고 자료 값이 잘 변하지 않고, 대량 복제나 전송이 가능하기 때문이다. 또한 현대 컴퓨터의 핵심 개념이라 할 수 있는 정확한 계산이 가능하다는 점도 디지털 신호를 많이 사용하는 이유다.

그런데 디지털 신호에 아무리 장점이 많다 해도, 자연의 대부분 신호는 아날로그로 되어 있다. 따라서 샘플링을 통해 아날로그 신호를 디지털 신호로 바꾸는 작업(ADC, analog-to-digital conversion)을 해야 하며, 처리된 디지털 신호는 다시 아날로그 신호로 변환(DAC, digital-to-analog conversion)하는 과정이 필요하다. 이 과정에서 변환된 디지털 정보를 저장하고 재생하는 데 꼭 필요한 것이 저장 매체다.

인류는 선사시대 동굴 벽에 정보를 저장하기 시작한 이래로 꾸준히 새로운 기록 방법을 발명해왔다. 재미있는 점은 정보화 시대를 이끌고 있는 디지털 정보 기록 장치도 원시인들이 동굴 벽에 정보를 저장할 때 사용했던 방법과 비슷한 원리를 이용한다는 것이다. 동굴 벽화와 정보 저장 장치 사이에 공통점이 존재한다는 사실이 억지처럼 들릴 수도 있지만, 하늘 아래 새로운 것은 없는 법이다. 동굴 벽화나 정보 기록 장치 모두 정보를 기록한다는 목적은 같기에 유사성이 발견되는 것이 어떻게 보면 당연하다.

우선 재료공학적 측면에서 살펴보자. 동굴 벽화는 바위 표면에 붉은색이나 검은색으로 채색되어 있다. 물론 원시인들은 정보를 저장하는 매체로 동굴 벽이나 바위 외에도 동물 가죽이나 뼈, 나무 등 다양한 재료를 사용했을 것이다. 하지만 광물로 이루어진 암석이 아니면 수만 년의 세월을 견디고 지금까지 보존되기가 쉽지 않다. 유기물을 구성하는 원자들은 화학결합 에너지가 작아 쉽게 분해되기 때문이다. 따라서 갑

울주군 대곡리 반구대 암각화

골문자 등 일부를 제외하면, 현재 남아 있는 그림이나 문자는 대부분 광물을 이용한 저장 매체에 기록된 것이다.

결국 바위가 규산염 광물로 되어 있고, 붉은색은 산화철이라는 점을 생각해보면, 이는 오늘날 컴퓨터의 구성 물질과 크게 다르지 않다는 사실을 알 수 있다. 규산염 광물의 규소는 반도체의 원료이고, 산화철은 자기 기록 장치에 사용된다.

재료뿐 아니라 정보를 저장하는 방법에도 공통점이 있다. 원시인들은 동굴 벽에 생긴 자연적인 홈이나 균열을 이용하기도 했지만, 울주군에 있는 반구대 암각화처럼 그림을 새겨 넣기도 했다. 글자나 그림을 새겨서 정보를 저장하는 방법은 인쇄술로 이어져, 오랜 세월 동안 정보를 저

장하는 수단으로 이용되었다. 또한 축음기로 소리를 저장할 때에도 원반에 홈을 파서 파동을 새겨 넣는 방법이 사용되었다.

최근에 등장한 광학 정보 기록 장치는 암각화의 원리와 더욱 유사하다. 암각화는 바위에 새기기, 쪼기 등의 수법으로 요철을 만들어, 빛이 비칠 때 생기는 그림자에 의해 형태가 보이도록 만든 그림을 말한다. 마찬가지로 1972년 필립스에서 개발한 최초의 광 기록 매체인 레이저디스크도 폴리카보네이트* 기판에 홈을 새겨 만든 것이다.

● **폴리카보네이트** 열가소성(가열하면 부드러워져 쉽게 변형되고 식히면 다시 굳어지는 성질) 플라스틱의 일종으로, 금속과 같이 단단하고 투명하며 산과 열에 잘 견딘다. 따라서 금속 대신 기계 부품·가정용품 등을 만드는 데에 쓰인다.

레이저디스크는 암각화처럼 홈이 있는 곳에서는 빛이 반사되고, 없는 곳에서는 거의 반사가 일어나지 않도록 되어 있다. CD나 DVD도 디지털 방식이라는 것만 다를 뿐 레이저디스크와 비슷한 원리로 작동한다.

## 미래를 창조하다

정보화 시대를 여는 데 가장 큰 기여를 한 정보 기록 장치는 '자기 기록 장치'다. 그 시초는 덴마크 공학자 발데마르 포울센(Valdemar Poulsen, 1869~1938)이 1900년 파리 만국박람회에 출품한 텔레그래폰(telegra-phone)*에서 찾을 수 있다. 이후 자기 기록 장치는 꾸준한 발전을 거듭하며 카세트테이프나 신용카

● **텔레그래폰** 원통에 철사를 감은 뒤, 이 철사에 자기로 음성을 기록·재생하는 녹음기.

과거로 미래를 창조하는 정보 기록 장치

발데마르 포울센

드, 지하철승차권에 이르기까지, 정보화 시대를 유지하는 든든한 버팀목 역할을 해왔다.

한때 자기 기록 장치는 광 기록 기술과 반도체메모리 기술이 눈부시게 발전하면서 위상이 흔들리기도 했다. 1981년 발명된 5.25인치 플로피디스크는 채 20년을 버티지 못하고 역사의 뒤안길로 사라졌다. 하지만 곧 없어질 것처럼 보였던 하드디스크는 신뢰도와 용량, 정보 처리 속도 등이 계속 향상되면서 여전히 많이 쓰이고 있다.

이처럼 자기 기록 장치가 널리 활용되는 이유는 데이터를 여러 번 저장하고 읽을 수 있으면서도, 재료나 장치가 저렴하기 때문이다. 자기 기록 장치는 강자성체인 산화철 가루를 테이프나 디스크에 도포해서 만든다. 산화철 같은 강자성체는 분자 하나하나가 작은 분자 자석이라고 할 수 있다. 평소에는 무질서하게 분포되어 있어 자성을 띠지 않지만, 외부에서 강한 자기장을 걸어주면 자기장의 방향으로 정렬하는 특성을 지닌다. 가령 쇠못이 자석에 붙는 이유는 외부 자기장에 의해 일시적으로 자화(磁化)가 일어나 자석의 성질을 띠기 때문이다. 자기 기록 장치도 이러한 원리로 정보를 기록하고 읽는다. 다만 자기 기록 장치에 사용되는 외부 자기장은 영구자석이 아니라 전자석이다.

● 자화 자기장 속에 놓인 물체가 자성을 지니게 되는 현상.

자기 기록 장치에서 정보를 읽고 쓰는 역할을 하는 것은 헤드이며, 기

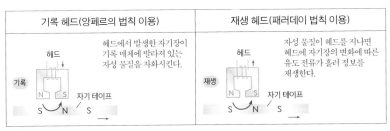

| 기록 헤드(앙페르의 법칙 이용) | 재생 헤드(패러데이 법칙 이용) |
|---|---|
| 헤드에서 발생한 자기장이 기록 매체에 발라져 있는 자성 물질을 자화시킨다. | 자성 물질이 헤드를 지나면 헤드에 자기장의 변화에 따른 유도 전류가 흘러 정보를 재생한다. |

자기 기록 장치

록 헤드와 재생 헤드 두 종류가 있다. 기록 헤드가 지나가면 자기장에 따라 자성 물질의 배열 방향이 변하면서 데이터가 저장된다. 하드디스크의 경우에는 알루미늄 위에 얇은 산화철 막을 입힌 플래터(platter)●에 헤드가 지나가면서 정보를 기록한다. 이때 기록 헤드는 도선에 전류가 흐르면 주위에 자기장이 형성되는 '앙페르의 법칙'●을 이용한다. 한편 저장된 정보를 읽는 재생 헤드는 '패러데이 법칙(전자기 유도)'●을 이용하는데, 재생 헤드가 산화철 주위를 지나게 되면 코일에 전류가 유도되어 정보를 재생한다.

　데이터가 저장되는 곳이 자성 물질이기 때문에, 일반적으로 더 많은 데이터를 저장하기 위해서는 산화철 가루의 입자가 작을수록 좋다. 물론 자성 물질이 너무 작아지면 이를 읽는 헤드의 크기도 작아져야 하고, 입자들 간에 상호 작용하는 문제가 생겨서 작게 만들기가 쉽지 않다. 그래서 하드디스크를 만들 때는 여러 개의 플래터를 넣어 용량 문제를 해결한다.

● 플래터 하드디스크에서 데이터가 저장되는 원형 금속판.

● 앙페르의 법칙 전류와 자기장과의 관계를 나타내는 기본 법칙의 하나. 전류가 흐르는 도선 주위에는 자기장이 생기는데, 이때 자기장의 방향은 전류의 방향을 엄지손가락 방향에 맞추었을 때 나머지 네 손가락이 감아쥐는 방향이다.

● 패러데이 법칙 전자기 유도 현상에서의 유도 전류의 세기를 나타낸 법칙. 코일을 많이 감을수록, 센 자석을 쓸수록, 자석을 빨리 움직일수록 유도 전류의 세기가 커진다는 것을 밝힌 법칙이다.

과거로 미래를 창조하는 정보 기록 장치

흔히 정보를 기록하는 것은 현재를 과거에 저장하는 것이라 생각한
다. 하지만 정보는 기록되는 즉시 과거가 되지만 그것을 읽어낼 순간은
미래가 된다. 따라서 정보의 기록은 현재를 기록하여 미래를 창조하는
일이라 할 수 있다.

## ✚ 신호와 정보

신호 속에 정보가 담겨 있지만 신호를 감지했다고 항상 정보를 얻을 수 있는 것은 아니다. 신호 속에서 정보를 가려낼 수 있는 인식 능력이 있어야 한다. 인간의 뇌에서 대뇌(특히 전두엽)는 감각기관을 통해 전달된 신호에서 유용한 정보를 찾고 이를 활용하기 위해 발달한 영역이다. 대뇌가 발달하면서 인간은 더 복잡한 신호를 해석하고 전달할 수 있게 된 것이다. 문명도 정보라는 틀에서 보면 자신이 획득한 정보를 다른 인간에게 전달하는 새로운 방법을 탐색하는 끊임없는 여정에서 생겨났다고 할 수 있다. 문자의 탄생에서 클라우드에 이르기까지 정보를 전달하고 저장하는 과정의 발달이 문명의 발달 과정인 셈이다.

## ✚ 모스 부호

최초로 세계를 하나로 묶어준 것은 전신기술이다. 덕분에 유럽과 미국이 하나의 세상으로 연결될 수 있었다. 하지만 전신기술을 통해 정보를 전달하는 방법을 생각해낸 새뮤얼 모스는 공학을 전공한 화가였다. 화가의 길을 걷다가 우연한 기회에 전신기 발명에 몰두했다. 모스의 업적에는 전신기 발명도 있지만 그보다 탁월한 것은 전신기를 통해 정보를 보낼 수 있는 '·'과 '–'로 된 모스 부호의 발명이었다. 부호 덕분에 알파벳이나 숫자를 멀리 빠르게 보낼 수 있었다.

### 더 읽어봅시다

세드리크 레이의 『일상 속의 물리학』
이인식의 『세계를 바꾼 20가지 공학 기술』

# 멋진 신세계를
# 품은 정보

**· 콜로서스에서 4D프린터까지 ·**

신호, 정보, 아날로그, 디지털, 강자성체, 앙페르 법칙, 전자기 유도 법칙

영화 <제5원소(The Fifth Element)>에는 외계인이 지구를 구하러 왔다가 한쪽 팔만 남기는 큰 사고를 당한다. 외계인은 조각만 남았지만 이를 기초로 아름다운 지구의 여인으로 다시 조립된다. 조립이라는 표현을 사용한 것은 외계인의 유전정보를 가지고 프린트하듯 일일이 신체 조직을 만들어 완성했기 때문이다. 영화 속에서나 가능할 것 같았던 놀라운 장면이 서서히 현실로 다가오고 있다.

## 숨기려는 자와 찾으려는 자

2015년 미국 뉴욕 본햄 경매에서 천재 수학자 앨런 튜링의 친필 노트가 100만 달러가 넘는 가격에 낙찰됐다고 해서 화제가 된 적이 있다. 유명 학자의 노트가 고가에 낙찰받는 것 자체는 별로 놀랍지 않지만, 공교롭게도 튜링의 이야기를 다룬 영화 〈이미테이션 게임(The Imitation Game,

멋진 신세계를 품은 정보

에니그마

2014)〉이 개봉되어 그에 대한 관심이 높아졌다. 튜링이 영화 소재로 매력적인 것은 그가 뛰어난 재능으로 영국을 구했지만 영국에서 버림받은 비운의 천재였기 때문이다. 또 한편으로는 정보를 숨기려는 자와 찾으려는 자의 이야기도 흥미롭다.

제2차 세계대전 당시 독일군은 수수께끼라는 뜻을 가진 '에니그마(Enigma)' 라는 암호기계를 이용해 영국군에 막대한 피해를 입히고 있었다. 앨런 튜링을 포함한 영국 수학자들은 에니그마의 암호를 해독하기 위해 엄청난 노력을 기울인다. 결국 튜링과 그의 팀은 세계 최초의 연산기계인 콜로서스 마크 원(Colossus Mark I)을 탄생시킨다.

흔히 최초의 컴퓨터는 에니악(ENIAC)이라고 알려져 있지만, 이는 영국이 튜링과 수학자들의 활동을 철저히 비밀에 붙여 콜로서스의 존재가 알려지지 않았기 때문이다. 콜로서스는 2,400개의 진공관을 사용해 빠르게 암호를 해독할 수 있었다. 연합군은 에니그마의 코드를 해독함으로써 그들의 전송 내용을 알 수 있었지만, 독일군은 연합군이 가짜 정보를 흘리고 있다는 것을 눈치채지 못했다. 노르망디 상륙작전은 성공했고, 전세는 걷잡을 수 없이 연합군 쪽으로 기울게 된다. 암호를 해독한 덕분에 영국은 엄청난 피해를 막았고, 연합군은 사상 최대 작전으로 불

콜로서스 마크 원

에니악

스키테일

린 노르망디 상륙작전을 실행해 전쟁을 승리로 이끌 수 있었다.

물론 정보를 숨기는 암호가 컴퓨터의 등장으로 생긴 것은 아니다. 그림과 문자를 사용하게 되면서 사람들은 공개된 정보 속에 암호를 숨겨놓기도 했다. 즉 문자의 뜻과 별개로 그림 속에도 정보를 담아 암호로 사용했다. 고대 그리스에서는 장군을 파견할 때 막대기에 암호문을 적어 보내는 '스키테일(Scytale)'을 사용했다. 막대기에 양피지를 감아 보면 문장을 읽을 수 있도록 한 초보적인 암호였다.

암호에 있어서는 다빈치가 가장 유명할 것이다. 그는 자신의 아이디어 중 무기와 관련된 것은 거울문자로 표시했다. 또한 자신의 작품에 은어나 상징으로 표시한 '다빈치 코드'를 넣은 것으로도 유명하다. 암호를 사용해 정보를 숨기려는 것은 정보가 얼마나 중요한 것인지를 잘 보여주는 예라고 할 수 있다.

## 진화하는 정보혁명

정보혁명은 문자와 종이가 발명되면서 시작되었다고 할 수 있을 것이다. 하지만 그때는 정보의 양이나 전달 속도가 느려 그 위력을 실감할 수 없었다. 정보의 양이 폭발적으로 증가한 것은 구텐베르크의 인쇄술이 등장한 이후이다. 아무리 뛰어난 필사가라 하여도 책 한 권을 쓰는 데 두 달이 걸렸지만 구텐베르크의 인쇄술을 이용하면 일주일에 500권이나 되는 책을 찍을 수 있었다. 인터넷에 의한 정보혁명에 비견될 만한 일이었다.

하지만 구텐베르크는 인쇄술을 처음으로 발명한 인물이 아니다. 이전에도 중국의 목판 인쇄술을 비롯해 서양에도 인쇄술이 존재했다. 굳이 구텐베르크의 인쇄술을 높이 평가하는 데는 당시의 인쇄기에 비해 혁신적인 측면이 있기 때문이다. 구텐베르크는 주조를 통해 내구성이 있는 금속활자를 만들었고, 프레스(press)를 사용해 인쇄했다. 이런 혁신성이 있었기에 그의 인쇄술이 세상을 바꿀 수 있었다. 영어로 신문을 'press'라고 하는 것은 여기서 연유했다.

그동안 꾸준히 발전해오던 인쇄술도 이제는 서서히 저물고 있다. 2012년에는 79년의 역사를 가진 미국 시사 주간지 《뉴스위크》가 인쇄 중단을 선언하고 인터넷 매체로 전환했으며, 『브리태니커 백과사전』도 244년 만에 인쇄를 중단하고 온라인 서비스로 전환했다.

세상의 모든 정보들이 디지털화되고 있는 시대적 흐름을 거스를 수 없었기 때문이다. 그런데 재미있는 사실은 디지털의 시작이 컴퓨터가 아니라는 것이다. 디지털의 원조는 자연이다. 자연이 진화를 통해 생명의 유전정보를 디지털 방식으로 저장한 것이 먼저이다.

DNA는 인산과 당, 염기로 구성된 뉴클레오티드가 길게 결합한 분자로 A(아데닌), T(티민), G(구아닌), C(시토신)의 4가지 염기로 되어 있다. 실리콘 컴퓨터에서 '0'과 '1'을 이용해 2진수로 계산하듯 DNA에서는 A, T, G, C의 4개 염기를 이용한다. A와 T, G와 C가 상보적 결합을 하여 유전정보를 저장하고 전달한다.

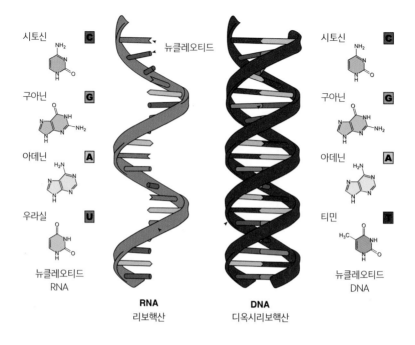

시토신 C

구아닌 G

아데닌 A

우라실 U

뉴클레오티드
RNA

**RNA**
리보핵산

뉴클레오티드

**DNA**
디옥시리보핵산

시토신 C

구아닌 G

아데닌 A

티민 T

뉴클레오티드
DNA

RNA와 DNA 구조

---

사람의 DNA는 30억 개의 염기로 구성되었고 여기에 막대한 유전정보가 저장되어 있다. 이때 연속된 3개의 염기들을 트리플렛코드라고 하며 '코돈(codon)'이라는 기본 단위가 된다. 코돈은 단백질 합성에 필요한 아미노산을 지정하는 암호가 된다. 따라서 DNA는 신호 3개를 조합하여 64개($4^3$)의 서로 다른 아미노산을 지정할 수 있지만, 사람은 20여 개의 아미노산만을 사용한다.

1994년 컴퓨터 공학자 아들만(Leonardo M. Adleman)은 DNA가 유전정보를 전달할 수 있다면 이를 이용해 계산 가능한 컴퓨터를 만들 수 있다고 생각했다. 그는 DNA 분자들이 스스로 조립되는 자기조립, 다른 분자를 인식해서 결합하는 분자 인식 그리고 자기 복제 능력을 가졌으며 이를 정보 전달에 사용할 수 있다고 보았다. 즉 실리콘 컴퓨터에서 '0'과 '1'을 이용해 2진수로 계산하듯 DNA 컴퓨터에서는 4개의 염기를 이용해 계산한다. DNA를 구성하는 염기에는 아데닌(A: Adenine), 티민(T: Thymine), 사이토신(C: Cytosine), 구아닌(G: Guanine) 4종류가 있다. 이 4종류의 염기가 수소 결합을 통해 DNA를 구성하여 그 생물에 대

아들만

한 정보를 저장하게 된다. 4종류의 염기는 항상 A와 T, G와 C가 쌍을 이루며 결합한다. 한쪽이 정해지면 다른 쪽에는 어떤 염기가 결합할 것인지 정해지는 이러한 결합을 상보적 결합이라고 한다.

DNA 분자들은 분자 개개의 결합 속도는 느리지만 용액 속에서 3차원으로 배열된 엄청난 수(아보가드로의 수)의 분자들이 동시에 반응에 참여하는 병렬 연산이 가능하다. 이론상 제한이 없을 만큼 빠른 연산이 가능하다. 또한 건조된 DNA 1g으로 CD 1조 장의 정보를 저장할 수 있으며, 반도체 컴퓨터에 비해 전력 소모가 매우 적다. 이것이 DNA 컴퓨터의 매력이다. 아들만은 DNA 컴퓨터로 외판원 문제(외판원이 각 도시를 모두 경유하는 최소한의 경로를 찾는 문제)를 해결하여 DNA 컴퓨터의 가능성을 보여주었다.

아들만 이후 새로운 개념의 DNA 컴퓨터 연구가 활발히 이루어졌지

멋진 신세계를 품은 정보

만 지금은 다소 시들해졌다. DNA 컴퓨터는 생각만큼 빠르게 만들기 어렵고 생화학적 분자들을 에러 없이 제어한다는 것이 쉽지 않기 때문이다. 또한 기존의 실리콘 컴퓨터가 꾸준히 발전했고 실용적 측면에서도 DNA 컴퓨터가 그 자리를 대체하기는 어려웠다. 그래서 DNA 컴퓨터를 지금의 실리콘 컴퓨터를 대체하는 방향으로 개발하고 연구하는 과학자들이 많이 줄어들었다.

하지만 DNA 컴퓨터가 전혀 쓸모없는 것은 아니다. 단순히 빠른 연산을 하는 것보다 더 매력적인 부분도 있다. 바로 나노분자를 이용하는 다양한 분야에 DNA 컴퓨팅 기술이 사용될 수 있다는 것이다. 우리가 사용하는 실리콘 컴퓨터는 생물체 내부와 같이 습기가 많은 상황에서는 매우 취약하다. 하지만 DNA 컴퓨터는 오히려 이러한 환경에서 훌륭하게 작동하며, 프로그램에 따라 세포를 찾아내 정확하게 명령을 수행할 수 있다. 암세포를 찾아내 죽일 수 있도록 프로그램된 DNA 컴퓨터가 주사를 통해 사람 몸속으로 투입되면 암세포를 발견하고 결합한 후 죽일 수 있다. 이와 같이 DNA 컴퓨터는 사람의 질병을 진단하고 치료하는 나노로봇의 개념으로 발전할 가능성이 크다. 즉 병에 걸리면 우리 몸에 투입된 수많은 DNA 로봇들이 병균을 격퇴하게 되는 것이다.

영화 〈이너스페이스(Innerspace)〉에서는 소형 잠수정을 타고 환자의 몸속으로 들어가 병을 치료하는 장면이 등장한다. 기존의 로봇 공학으로는 이렇게 작은 분자 로봇을 만들 수 없었다. 하지만 DNA 컴퓨터를 이용한 나노로봇을 이용하면 이러한 일이 전혀 불가능하지는 않다.

## 비트＋원자＝3D 프린터?

2013년 미국의 오바마 대통령이 국정연설에서 3D 프린터를 3차 산업 혁명의 주인공이라고 극찬했다. 그리고 마치 경쟁이라도 하듯 박근혜 대통령도 창조경제를 이끌어갈 기술이라며 추켜세웠다. 영화 속에서도 3D 프린터 기술은 너무나 매혹적으로 보였다. 2006년에 개봉한 〈미션 임파서블 3(Mission: Impossible 3)〉에서 주인공 이단 헌트는 가면을 쓰고 상대방을 멋지게 속인다. 기존 시리즈에서 이단은 미리 만든 가면을 사용했지만 이번에는 현장에서 스캔한 얼굴을 3D 프린터로 만들었다.

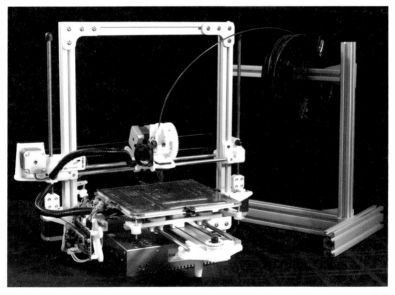

3D 프린터

멋진 신세계를 품은 정보

대통령의 국정연설이나 영화 속에 등장하는 것으로 봐서 3D 프린터가 최신 기술이라고 여기기 쉽지만 사실은 발명된 지 40년이나 된 낡은 (?) 기술이다. 1984년 시제품을 만들던 미국 발명가 찰스 헐(Charles W. Hull)은 쾌속조형시스템이라는 최초의 3D 프린터를 만들었다. 석고 파우더나 플라스틱 액체를 겹겹이 쌓아 입체 형상을 만드는 방법이다.

헐이 3차원 물체를 만드는 방식은 자연이 물체를 만드는 방식을 그대로 모방했다고 볼 수 있다. 원리만 놓고 본다면 태초부터 자연은 하나하나 쌓아서 물체를 만들었으니 3D 프린터는 낡을 대로 낡은 기술인 셈이다. 하지만 3D 프린팅 기술은 다양한 영역에서 이미 그 가능성을 입증했다. 요리 분야에서도 3D 프린터 요리가 사람들의 입맛에 맞춰 다양한 요리를 제조할 기술은 보유하고 있다. 이제 필요한 것은 3D 프린터를 이용해 새롭게 요리를 디자인할 요리 디자이너뿐이다. 자수정 동굴을 빛내는 수정이나 수많은 보석은 자연이 만든 3D 프린팅 작품이다. 수정은 이산화규소가 오랜 세월 동안 일정한 규칙에 따라 결합하여 결정을 이룬 것이며, 대부분의 보석들이 용융 상태에서 서서히 냉각되면서 결정으로 성장해 만들어진다.

원래 자연은 원자나 분자 단위로 물질을 하나씩 쌓아서 3차원 물체를 만들기 때문에 보석은 자연이 빚은 아름다운 3D 프린팅 작품이라 할 수 있다. 이에 비하면 현재의 3D 프린팅 작품들은 투박하고 조악하게 느껴진다. 하지만 자연이 이렇게 섬세한 작품을 만드는 데는 엄청나게 긴 시간이 필요하다는 것을 생각해 보면 그리 나쁘지만은 않다.

물건을 만드는 데 하나씩 쌓아올려 만드는 적층 방식만 있는 것은 아니다. 3D 프린터는 물건 제조 방식에 따라 적층형과 절삭형으로 구분할 수 있다. 물건을 만드는 방식만 본다면 플라스틱을 녹인 후 금형 속으로 밀어 넣어 굳혀서 만드는 사출성형이 적층형과 비슷한 방식이다.

오히려 대량의 물건을 찍어낼 때는 사출성형이 더 효율적일 수 있다. 또한 절삭형도 CNC 선반을 이용해 깎아 만드는 것과 별 차이가 없다. 물건뿐 아니라 거대한 건축물 또한 이러한 방식으로 오랜 세월 동안 만들어왔다.

인도의 엘로라 석굴은 길이가 무려 2킬로미터에 달하는데 거대한 암반을 일일이 깎아서 만들었다. 또한 인류 최대의 토목공사로 알려진 길이 6,000킬로미터의 만리장성을 만들기 위해 중국인들은 돌을 하나하나 쌓아올렸다. 이와 같이 인류는 이미 조그만 물건에서 거대한 건축물에 이르기까지 깎거나 쌓아올려서 원하는 것을 만들었다.

그렇다면 전혀 새로울 것이 없는 3D 프린터에 열광하는 이유가 무엇일까? 그것은 비트가 원자를 만나 새로운 세상을 열었기 때문이다. 수학적으로 표현한다면 사물을 스캔해 미분한 후 다시 적분해 원래대로 만드는 것이 3D 프린터라고 할 수 있다.

3D 프린터는 전통적 생산 방식에 디지털이 결합된 것이며, 사이버 세계에서 상상하는 모든 것을 현실로 연결해준다. 이는 데스크톱 생산으로 1인 공장이 탄생할 수 있었다는 것 이상의 의미를 지닌다.

## 상상을 현실로 만든 3D 프린터

드라마 〈대장금〉에서 장금이는 절대미각을 타고났지만 뛰어난 요리사가 되기 위해 피나는 수련을 거친다. 전통적인 제조 방식에서는 숙련된 기술을 습득한 장인과 그렇지 않은 도제 사이에 수준 차이가 클 수밖에 없었다. 그러니 이러한 과정을 거쳐야 대접을 받을 수 있었다. 하지만 3D 프린터를 이용하면 숙련된 기술을 익히려고 그만한 노력을 할 필요가 없다. 전문가의 디지털 레시피만 제공받으면 누구나 일품요리를 만들 수 있다. 상상하는 바를 그대로 3D 프린터로 찍어낼 수 있기 때문이다.

3D 프린터로 그대로 출력하면 요리 초보자도 얼마든지 장금이의 요리를 복제해낼 수 있다. 물론 음식은 재료에 따라 화학적 특성이 다르다. 그것을 관리하고 취급하기 쉽지 않은 만큼 복잡한 요리는 단시간 나에 3D 프린터가 대체하기는 어렵다. 아직까지는 초콜릿처럼 단순한 음식만 찍어낼 수 있다.

하지만 앞으로는 영화 〈하늘에서 음식이 내린다면〉처럼 원하는 음식을 마음대로 만들 수 있게 될 것이다. 또한 다양한 음식 재료를 공급하면 3D 프린터가 분자요리처럼 색다른 요리의 세계를 개척해줄 수도 있다. 맛과 영양, 모양을 마음대로 선택해 자신만의 창의적인 요리를 탄생시킬 수 있을 것이다.

몇 가지 단순한 음식을 3D 프린터로 찍어낼 수 있다고 해서 산업혁명을 논할 수는 없다. 하지만 요리는 한 가지 예에 불과하며 건축물이나 비행기 같은 큰 물건을 출력하는 연구가 진행되고 있다. 2014년 중국에서는 3D 프린터로 하루에 10채나 되는 집을 만들었고, 네덜란드 건축업체도 다양한 건축물을 출력하는 연구를 하고 있다. 이제 국내에서도 3D 프린터로 집을 만드는 업체가 등장했다. 자전거나 자동차, 소형 모형비행기를 3D 프린터로 출력하여 작동시키는 데 성공했으며, 실제 비행기 부품도 출력하여 사용하는 곳도 있다. 3D 프린터는 건축 소요 시간과 비용을 줄여주어 건축의 패러다임을 바꿀 가능성을 지니고 있다. 또한 물건 생산 방식에도 큰 변화를 주어 전통적인 공장들은 변화와 혁신 앞에 내몰린 상태다.

먹고 싶은 요리나 살고 싶은 집을 만들 수 있다는 점이 놀랍지만 아직 요리사나 건축가의 솜씨에 견줄 바는 못 된다. 모양은 흉내 내도 맛을 따라잡기는 어렵고, 프린팅 된 건물의 내구성이나 안전성을 보장할 수 있는 기준을 마련해야 하는 등 갈 길이 멀다. 자전거나 자동차도 프린팅에 성공했지만 전통적인 생산 방식을 대체할 수준은 못 된다. 아직 대부분 영역에서 가능성을 보여준 수준이지만, 의료 분야에서는 이미 시장에 성공적으로 진입했다.

외이도나 치열은 사람마다 다르다. 보청기나 치아교정기를 만들기 위해서는 개인별로 본을 떠 만들어야 한다. 시간과 비용이 많이 드는 방식이었다. 하지만 3D 프린팅을 이용하면 3D 스캔 후 파일을 전송해 디지털 작업을 거쳐 바로 제조할 수 있다. 무엇보다 빠르고 정확하다는 것이 강점이다.

의족이나 의수도 개인 맞춤제작이 가능하면서도 비용은 더 저렴하다.

3D 프린터로 만든 정확한 인체 모형은 수술의 성공률과 시간을 단축시키기도 한다. 컴퓨터 단층 촬영(CT)이나 자기 공명 영상(MRI)으로 인체를 스캔한 데이터를 이용해 모형을 만든 후 수술하면 훨씬 정확한 수술을 할 수 있다.

의사가 단지 영상을 보며 수술 준비를 하는 것이 아니라 실물을 놓고 미리 수술 계획을 짜고 시연해볼 수 있다. 모형과 비교하면서 수술을 할 수 있어 성공 확률도 그만큼 높아진다.

## 4D 프린터의 등장

3D 프린터는 기존 기술로 구현할 수 없었던 형상을 만들 수 있는 길을 열어주었다. 건강, 의학 분야뿐 아니라 자동차, 항공 같은 주요 산업에서 혁명을 불러올 것으로 기대된다. 더욱 놀라운 것은 이미 3D 프린팅 기술이 진화해 4D 프린팅으로 탄생했다는 것이다. 이제 겨우 3D 프린팅이 익숙해지자 이젠 4D 프린터가 등장해 또 다른 영화 속 장면을 현실로 이끌어내려 하고 있다. 4D 프린터는 영화 〈트랜스포머〉처럼 변신하는 물체를 만드는 것이 더 이상 불가능하지 않다는 것을 보여준다. 3D 프린터에 자기변환(self transformation)이 가능한 스마트 물질을 결합시킴으로써 가능해졌다.

4D 프린터는 나노공학에서 연구 중인 자가조립(self assembly) 기술이 3D 프린터와 만나 탄생한 일종의 융합 기술이다. 4D 프린팅에 대한 TED 강연으로 엄청난 반향을 불러일으킨 스카일러 티비츠(Skylar

Tibbits)가 MIT의 자가조립연구소 소장이라는 것은 결코 우연이 아니다.

나노공학의 창시자라 일컬어지는 에릭 드렉슬러(K. Eric Drexler)는 1986년 〈창조엔진(Engine of Creation)〉에서 어셈블러라고 불리는 나노로봇에 의해 분자제조가 가능할 것이라고 전망했다. 당시에는 가능할 것이라고 믿는 과학자들이 그리 많지 않았다. 물론 지금도 나노공학이 괄목상대할 발전을 이루었지만 여전히 자가조립에 의한 물건의 제조는 쉽지 않다. 제멋대로 움직이는 분자들이 스스로 결합하여 하나의 물체가 된다는 것은 영화에나 나올 법한 이야기로 들릴 것이다.

하지만 자가조립이 결코 불가능하지 않다는 것을 우리는 매일 경험하며 살고 있다. 그것을 모를 뿐이다. 바로 생명체다. 우리 몸의 단백질 분자는 DNA와 RNA에 의한 자가조립으로 만들어진다. 의외로 조립규칙은 간단하다. DNA의 A-T와 G-C가 쌍을 이루는 상보적 결합을 한다. 따라서 이중나선 중 한쪽 나선만 있으면 나머지 한쪽은 자동적으로 결합쌍이 정해진다. 이런 단순한 규칙을 활용해 생명체는 자신의 유전정보를 복제하며 세포를 계속 늘여간다. 즉 생명체는 가장 뛰어난 효율을 지닌 4D 프린터인 셈이다.

남은 것은 세포를 하나씩 쌓아서 조직을 만들고, 결국에는 복잡한 장기까지도 4D 프린터를 통해 만드는 일이다. 영화 〈제5원소〉에서는 단지 손가락 하나에서 완전한 인체 조직을 복구해내는 마법 같은 프린팅 기술이 등장한다. 물론 영화에서나 가능하겠지만 언젠가는 신장이나 심장 같은 복잡한 장기를 프린팅해서 교체할 날도 올 것이다.

이렇게 살아 있는 잉크로 원하는 장기를 쉽게 찍어낼 수 있으면 어떻게 될까? 그런 날이 온다면 오래된 자동차의 부품을 교환해 새 차처럼 유지하듯 사람도 영원한 젊음을 유지할 수 있을지도 모른다. 아직은 행복한 고민일 수 있지만 4D 프린터가 열어줄 미래에 대해 다양한 고민을 해볼 필요가 있다.

### ✚ 세대와 통신 속도

4G폰이나 5G폰이라고 할 때 G는 세대(Generation)를 나타낸다. 1세대 이동통신은 잡음이 있는 아날로그 방식이다. 2세대는 음성을 디지털로 변환해 전송하는 코드 분할 다중 접속 방식(CDMA)으로 음성과 함께 문자를 보낼 수 있다. 3세대는 광대역 코드 분할 다중 접속 방식(W-CDMA)으로 동영상을 전송할 수 있는 전송속도를 가졌다. 3세대부터 개인 식별 정보가 담긴 유심(USIM: Universal Subscriber Identity Module)이 들어가 이동전화가 스마트폰으로 변모했다. 또한 4세대와 5세대로 발전하면서 통신의 전송속도와 전달속도가 급격히 향상되었고 원격진료나 자율주행 같은 기술이 구현 가능해졌다.

### ✚ 꿈의 보안 양자암호

정보통신기술이 발달하면서 불법으로 정보를 빼내려는 해킹 기술도 발달했다. 기존의 암호는 아무리 철저하게 만들었다 해도 결국 풀릴 수밖에 없다. 하지만 양자 얽힘 현상을 이용한 양자암호는 원리상 해킹이 불가능하다. 해킹하는 순간 수신자가 중간에서 해킹당했다는 사실을 알 수 있다. 양자역학에 따르면 얽힌 상태의 두 입자 중 하나를 해킹하기 위해 관측(상태를 확인)하면 그 즉시 다른 입자에 정보가 전달된다. 따라서 양자암호는 수신자 몰래 접근할 방법이 없으므로 해킹이 불가능하다.

**더 읽어봅시다**

에릭 드렉슬러의 『창조의 엔진』
이인식의 『세계를 바꾼 20가지 공학기술』

멋진 신세계를 품은 정보

## | 참고 문헌 |

· KBS〈과학카페〉냉장고 제작팀,『욕망하는 냉장고』, 애플북스, 2012

· 강구창,『반도체 제대로 이해하기』, 지성사, 2005

· 고문주,『화학의 역사』, 북스힐, 2005

· 곽영직,『열과 엔트로피』, 동녘, 2008

· 김도훈,『인류문화사에 비친 금속이야기 Ⅰ』, 과학과 문화, 2005

· 김동환,『금속의 세계사』, 다산에듀, 2015

· 김동환,『희토류 자원전쟁』, 미래의창, 2011

· 김영민 외,『미생물학 제6판』, 라이프사이언스, 2005

· 노승정 외,『나노의 세계』, 북스힐, 2006

· 뉴턴코리아,『원자력 발전과 방사능』, 아이뉴턴(뉴턴코리아), 2012

· 데보라 캐더버리,『강철혁명』, 생각의나무, 2011

· 데이바 소벨 외,『경도』, 생각의나무, 2002

· 데이비드 보드니스,『일렉트릭 유니버스』, 글램북스, 2014

· 데이비드 에저턴,『낡고 오래된 것들의 세계사』, 휴머니스트, 2015

· 레오나르도 마우게리,『당신이 몰랐으면 하는 석유의 진실』, 가람기획, 2008

· 로버트 카파,『그때 카파의 손은 떨리고 있었다』, 필맥, 2006

· 리차드 모리스,『시간의 화살』, 소학사, 2005

· 리처드 파인만,『파인만의 물리학 강의 Volume 3』, 승산, 2009

· 미치오 카쿠,『미래의 물리학』, 김영사, 2012

· 박영기,『과학으로 만드는 자동차』, 지성사, 2010

· 베른트 슈,『발명』, 해냄, 2004

· 벤 보버,『빛 이야기』, 웅진닷컴, 2004

· 브렌다 매독스,『로잘린드 프랭클린과 DNA』, 양문, 2006

· 사빈 멜쉬오르 보네,『거울의 역사』, 에코리브르, 2001

· 사와타리 쇼지, 『엔진은 이렇게 되어있다』, 골든벨, 2019

· 사이언티픽 아메리칸 편, 『첨단 기기들은 어떻게 작동되는가』, 서울문화사, 2001

· 샘 킨, 『사라진 스푼』, 해나무, 2011

· 세드리크 레이, 『일상 속의 물리학』, 에코리브르, 2009

· 스티븐 존슨, 『우리는 어떻게 여기까지 왔을까』, 프런티어, 2015

· 야마모토 요시타카, 『과학의 탄생』, 동아시아, 2005

· 앨런 E. 월터, 『마리 퀴리의 위대한 유산』, 미래의창, 2006

· 에릭 드렉슬러, 『창조의 엔진』, 김영사, 2011

· 에릭 살린, 『광물, 역사를 바꾸다』, 예경, 2013

· 웨이드 로랜드, 『갈릴레오의 치명적 오류』, MEDIAWILL M&B, 2003

· 윤혜경, 『드디어 빛이 보인다』, 성우, 2001

· 윤홍식 외, 『우주로의 여행』, 청범출판사, 1998

· 이덕환, 『이덕환의 과학세상: 우리가 외면했던 과학 상식』, 프로네시스, 2007

· 이인식, 『세계를 바꾼 20가지 공학기술』, 생각의나무, 2004

· 이일수, 『첨단물리의 응용』, 경북대학교 출판부, 2001

· 일본 뉴턴프레스, 『시간이란 무엇인가?』, 아이뉴턴(뉴턴코리아), 2007

· 일본 뉴턴프레스, 『전력과 미래의 에너지』, 아이뉴턴(뉴턴코리아), 2013

· 일본 뉴턴프레스, 『진공과 인플레이션우주론』, 아이뉴턴(뉴턴코리아), 2011

· 일본 뉴턴프레스, 『태양광 발전』, 아이뉴턴(뉴턴코리아), 2018

· 일본 뉴턴프레스, 『파동의 사이언스』, 아이뉴턴(뉴턴코리아), 2010

· 일본 뉴턴프레스, 『희소 금속 희토류 원소』, 아이뉴턴(뉴턴코리아), 2013

· 정완상, 『길버트가 들려주는 자석 이야기』, 자음과모음, 2010

· 제이콥 브로노우스키, 『인간 등정의 발자취』, 바다출판사, 2004

· 제임스 랙서, 『왜 석유가 문제일까?』, 반니, 2014

· 제임스 E. 매클렐란 3세, 『과학과 기술로 본 세계사 강의』, 모티브북, 2006

· 제임스 버크, 『우주가 바뀌던 날』, 지호, 2000

· 제임스 트레필, 『도시의 과학자들』, 지호, 1999

· 조나단 월드먼, 『녹』, 반니, 2016

· 좀 엠슬리, 『화학의 변명3(PVC다이옥신질소비료)』, 사이언스북스, 2000

· 질 존스, 『빛의 제국』, 양문, 2006

· 차동우, 『핵물리학』, 북스힐, 2004

· 최원석, 『영화로 새로 쓴 화학교과서』, 북스힐, 2013

· 칼 세이건, 『코스모스』, 사이언스북스, 2010

· 클라우스 마인처, 『시간이란 무엇인가?』, 들녘, 2005

· 프레드 왓슨, 『망원경으로 떠나는 4백년의 여행』, 사람과책, 2007

· 한국과학문화재단, 『교양으로 읽는 과학의 모든 것 1』, 미래M&B, 2006

· 한국철도기술연구원, 『과학기술로 달리는 철도』, 화남, 2010


· '3000억년에 딱 1초 오차' 세계에서 가장 정확한 새 원자 시계 나왔다, 동아사이언스, 2022.02.17., https://www.dongascience.com/news.php?idx=52448

· '조지아 보그틀 원자로 핵분열 시작…5~6월 전력 송출', Atlanta중앙일보, 2023.03.07., https://www.atlantajoongang.com/56327/%ec%a1%b0%ec%a7%80%ec%95%84-%eb%b3%b4ea%b7%b8%ed%8b%80-%ec%9b%90%ec%9e%90%eb%a1%9c-%ed%95%b5%eb%b6%84%ec%97%b4-%ec%8b%9c%ec%9e%91-56%ec%9b%94-%ec%a0%84%eb%a0%a5-%ec%86%a1ec%b6%9c/

· '영국 정부, 31조 원 규모 신규 원전 건설계획 승인', 한국일보, 2022.07.20., https://www.hankookilbo.com/News/Read/A2022072023100005042?did=NA

· '20.5℃에서 전기 저항 '0'…상온 초전도체 개발', YTN, 2023.0.11., https://www.ytn.co.kr/_ln/0105_202303110540196836

· '[사이언스카페] 상온 초전도 이번은 진짜일까, 논문 철회됐던 연구진 또 발표', 조선일보, 2023.03.09., https://biz.chosun.com/science-chosun/science/2023/03/09/DJKETEKVMJDTDKDLNXRTQSPXRY/?utm_source=naver&utm_medium=original&utm_campaign=biz

· '시속 1200km '하이퍼루프' 한국도 만들 수 있다?', CBS노컷뉴스, 2016.05.01., https://www.nocutnews.co.kr/news/4593208

· '유가 하락, '에너지 풍요의 시대' 전주곡?', 이코노믹리뷰, 2015.03.31., https://www.econovill.com/news/articleView.html?idxno=240029

참고 문헌

# | 찾아보기 |

**세상을 바꾼 사물의 과학 1**

1판 1쇄 펴냄 2023년 9월 25일
1판 2쇄 펴냄 2024년 5월 30일

**지은이** 최원석

**주간** 김현숙 | **편집** 김주희, 이나연
**디자인** 이현정, 전미혜
**마케팅** 백국현(제작), 문윤기 | **관리** 오유나

**펴낸곳** 궁리출판 | **펴낸이** 이갑수

**등록** 1999년 3월 29일 제300-2004-162호
**주소** 10881 경기도 파주시 회동길 325-12
**전화** 031-955-9818 | **팩스** 031-955-9848
**홈페이지** www.kungree.com
**전자우편** kungree@kungree.com
**페이스북** /kungreepress | **트위터** @kungreepress
**인스타그램** /kungree_press

ⓒ 최원석, 2023.

ISBN 978-89-5820-849-5    03400
ISBN 978-89-5820-851-8    03400(세트)